U0003228

當代法式料理聖經

50位法國星級名廚的代表作

食譜╳創意發想╳設計概念

---

50 PLATS
DE GRANDS CHEFS

QU'IL FAUT
AVOIR GOÛTÉS

---

une fois
dans sa vie

海倫·路辛
（HÉLÈNE LUZIN）

當代法式料理聖經
50位法國星級名廚的代表作
食譜╳創意發想╳設計概念

攝影
馬蒂厄·塞拉爾
（MATTHIEU CELLARD）

前言
蒂波·達南雪
（THIBAUT DANANCHER）

La Vie

前言

蒂波・達南雪

●

她才剛識字就已經能從餐具末端
認出料理大師的代表性配方。

●

品味人生！

　　她的童年是在閱讀床邊的書籍中度過。令當時還年幼的她讚嘆的並非迷人的童話故事書，而是料理書，在她每晚溜回房間時，這些書讓她的眼睛為之一亮。海倫・路辛在鑽進羽絨被後，總是品味著大廚的作品入睡。她才剛識字就已經能從餐具末端認出料理大師的代表性配方。

　　彷彿在回應古羅馬神學家聖奧斯丁（saint Augustin）的格言，她已明白與其喪失激情，不如迷失在激情當中。誤入歧途？她的父親弗朗西（Francis）在 1986 年創辦法國美食雜誌《Le Chef》，全心投入於料理界，以至於海倫從 12 歲開始便會伴隨父親參訪法國各大知名餐廳。她從 1989 年（對她來說這是攻占巴士底獄，即監獄革命的 200 周年！）開始隨著家族展開法國的美食巡迴之旅，而從 2000 年開始則是她獨自一人的旅行。

　　30 年來，海倫・路辛就這樣在男女廚師不斷變換法國料理菜色的餐桌上度過人生。她用刀叉東征西討，就為了陶醉在對這些出身於「如此非凡的法國領土」的廚師們的敬意之中。法國這美食之都聚集了紅、白、藍國旗所傳承的寶藏，海岸邊就是廣大的水族箱，內陸則是巨大的農場。

　　這就是促使這位環球美食旅人出版這本《當代法式料理聖經：50 位法國星級名廚的代表作，食譜 ╳ 創意發想 ╳ 設計概念》的原因。從喬爾・侯布雄（Joël Robuchon）傳奇的馬鈴薯泥到保羅・博古斯（Paul Bocuse）不容錯過的季斯卡總統湯（soupe VGE），再到蓋・薩沃伊（Guy Savoy）著名的朝鮮薊湯、艾倫・杜卡斯（Alain Ducasse）的普羅旺斯田園時蔬（légumes des jardins de Provence），或是尚馮索・皮埃居（Jean-François Piège）令人難以抗拒的杏仁奶酪，海倫・路辛建立了最能引發她激情的 50 道餐廳料理選集。你唯一能做的就是坐下來和她一起品味人生！

「獻給我的女兒克洛伊和安娜絲（CHLOÉ ET ANAÏS）。」

————

導論

————

海倫・路辛

因為這本書，我也想在某些特定的時刻向法國美食的代表性菜肴致敬並拍照留念。這本書不加評判，它代表著我至今對烹飪的所有情感。

為何會撰寫本書？

首先，這是為了回應人們老是問我的問題：我該去哪裡慶祝我妻子、我母親、我阿姨……的生日？

簡單地說，我所有的朋友都知道，講到餐廳，永遠都是我自己把自己給難倒。因此，我想將他們的問題修改為：我可以在哪裡吃到最好的挪威海螯蝦（langoustine）、最好的菊苣、最好的羊排？然後我開始向廚師這個行業致敬，並欽佩那些每日必須上場奮戰兩次的辛勤工作者。

因為這本書，我也想在某些特定的時刻向法國美食的代表性菜肴致敬並拍照留念。這本書不加評判，它代表著我至今對烹飪的所有情感。

當我們談到田園溫沙拉（Gargouillou）時，怎能不想到布拉斯（Bras）家族餐廳，談到酸模鮭魚（saumon à l'oseille），怎能不想到特魯瓦格羅（Troisgros）家族餐廳？這些菜肴已隨著時間而成為顧客的典範，但每道菜也是主廚的作品，就如同歌手的一首歌、畫家的一幅畫，或是導演的一部電影。

•

這本書的主題讓我有機會能夠向主廚們
在烹飪價值上展現的創意、大膽和多樣性致敬，
是他們成就了今日的法國。

•

　　美食就是我的熱情所在。從我有記憶以來，這可追溯至我 12 歲，即 30 多年的時間……一切都從傑明餐廳（Le Jamin）開始，當時喬爾‧侯布雄在這裡任職，身邊都是他忠實的副手，其中包括本書中介紹的費德烈克‧安東（Frédéric Anton）和艾希克‧布奇諾爾（Éric Bouchenoire）。而這一切都必須歸功於我的父親弗朗西‧路辛（Francis Luzin），是他將熱情傳給他所有的孩子們，並在 1986 年，即我才 9 歲時創立了《Le Chef》這本雜誌！

　　接著是紐約，一位對美味料理充滿熱情的朋友在五年期間帶我探索這座城市裡最知名的主廚們。我們每 2 周會在伯納丁（Bernardin）、尚‧喬治（Jean-Georges），或麥迪遜公園 11 號（Eleven Madison）餐廳聚餐 1 次。當時並沒有關於「大蘋果」的著名美食指南，但埃德加（Edgar）的嗅覺靈敏，我跟隨他明智的建議並大飽口福。

　　讓我們再回到我的國家：法國，那裡有上千家被視為「美味」的餐廳。這本書探討的並非不同的美食指南或排名，而是真切的情感，即我在「接觸」到不同菜肴時所體會到的情感。這就像是我 15 歲時和母親一起去看《弄臣》的歌劇時，肚子裡彷彿有小蝴蝶在飛舞一樣的感受。這正是我進入這行的契機，也是我希望在整本書中呈現的：情感。我想分享的正是在品嚐大廚如同樂隊指揮大師般精心製作的菜肴時，我所感受到的悸動。

　　然而，這裡並不打算將廚師侷限在餐盤中，就像義大利歌劇作家威爾第（Giuseppe Verdi）的作品並不能只以《弄臣》一部歌劇來概括。本書僅是試圖對鍛造、創造、突出、記錄、標示廚師之路的配方致敬。我在此將為你們呈現的正是這些出自不同主廚本領的配方。

　　喬爾・侯布雄的馬鈴薯泥、貝爾納・盧瓦索（Bernard Loiseau）的海膽或田雞腿……讓我內在的小蝴蝶破繭而出。正是為了探索新的美味寶藏，我決定在 2012 年展開自己的翅膀，成立主廚相關機構。和他們溝通、傾聽他們、為他們提供建議和支持：這就是品牌和主廚的使命。但這並不是重點……

　　這本書的主題讓我有機會能夠向主廚們在烹飪價值上展現的創意、大膽和多樣性致敬，是他們成就了今日的法國。

　　讓我們開始聆聽由 50 個樂章組成的美味交響樂吧！

目錄

雅尼克・亞蘭諾

魚子海螯蝦酥塔
La tarte croustillante de
langoustine au caviar

出生日期與地點：
1968年12月16日於皮托（Puteaux，上塞納 Hauts-de-Seine）

可以用3個詞來形容自己嗎？

埋頭苦幹、充滿創意和企業家。

創意部分指的是我用現代醬汁在醬汁加工方面取得的進展，這一切的努力讓我們能夠化不可能為可能，並足以被載入廚師之王埃斯科菲耶（Escoffier）的烹飪著作中！

創作的日期是？

2014 年 7 月。

是什麼樣的想法讓你構思了這道菜？

我想做一道純粹美味的菜。無需任何的理智。一道你會想天天吃的菜。最後，這不是一道非常複雜的菜，而是超級療癒的菜……對我們來說，沒有比塔更能將你帶回童年的了。塔皮的酥脆、熱度，以及蘊含的情感。接著是來自魚子醬的鹽。整體而言，這是一道最終有 4 種味道的菜。2 種誘人的味道：酸和甜。還有 2 種極難掌控，而且也是造就出色葡萄酒的濃度和酒體的味道：苦澀味和鹹味。這道菜代表了我們能夠留下的樂趣！用這道菜的苦澀味、鹹度，搭配上酥脆、柔軟的口感，以及白醬的些許甜度和酸度。海螯蝦的醬汁和湯汁也為這道菜增添令人愉悅的結構。接著嘴裡都是魚子醬的苦澀味和鹹味所帶來的餘味。

•

這是我少數我從來不碰，
或者說「不敢」接觸的菜肴之一。
因為只要好吃，就不會有更美味的了！

•

你有在這道菜中使用你著名的精萃法嗎？

不，完全沒有。這就是矛盾之處。但我是射手座！你想要一道代表性的菜，我會煮來取悅你，但我討厭招牌菜，因為這會將廚師限制在難以擺脫的框架裡。此外，我認為你的著作和廚師們必須展現的創造力是背道而馳的。

我了解，但偉大的畫家總是會有代表性的作品！

沒錯，但他們只做了一次。他們不會永無止盡地複製。但我也知道人們喜歡用來衡量的基準點、反覆的事物，就像我過去曾做過的一道菜：瓶中雞一樣令人感到慰藉。

你沒再做過這道菜了！

這只是一種噱頭。已經結束了，都過去了。

你的菜從這道作品之後有所改變嗎？

沒有。這是我少數不碰，或者說「不敢」接觸的菜肴之一。因為只要好吃，就不會有更美味的了！而且從 2004 年以來，我從來未能成功將這道「惡魔」海螯蝦從菜單上移除！

是特別的海螯蝦嗎？

是你可以在目前市面上找到的最新鮮海螯蝦！

美味的魚子醬……是哪一種？

我總是使用同一種魚子醬，即卡維亞芮（KAVIARI）品牌的黃金奧賽佳魚子醬。

那你的派皮配方有改變嗎？

沒有。

醬汁有使用鮮奶油嗎？

這是真正的白醬。傳奇性的象徵！我認為絕對不能忘了以前的醬汁。過去我們會用醬汁來評價餐廳的品質，用醬汁來評價三星的品質。而我很愛這種醬汁。對我來說，這是最不可思議的母醬，因為你可以用它做任何的東西。你甚至可以任意調配，如果想要日式風味，就加入醬油。這真的很神奇。

你有偏好的奶油嗎？

克巴塔（Kerbastard）奶油。我是法國唯一擁有它的人。這是由尚瑪麗・布爾杰（Jean-Marie Bourgès）在比利時的克巴塔農場所製造的。我買下後優先進行一切的生產。

魚子海螯蝦酥塔
La tarte croustillante de langoustine au caviar

食材

純奶油千層派皮
Pâte feuilletée
pur beurre
魚子醬50克
金箔

海螯蝦穆斯林奶油餡
Mousseline de
langoustine
16至20隻的挪威海螯蝦
80克
依思尼鮮奶油（crème d'Isigny）50克
海螯蝦精萃（extraction de langoustine）20克
蛋白10克

海螯蝦精萃
挪威海螯蝦鉗 1公斤
水0.4公升

白醬 Beurre blanc
紅蔥頭（échalotes）2顆
夏多內白酒（vin blanc chardonnay）250毫升
白酒醋50毫升
無鹽奶油150克
液態鮮奶油
鹽
胡椒

搭配餐酒
瑪拉堤克堡（Château Marlartic- Lagravière）

1

人份

海螯蝦精萃
入烤箱以 83℃烤 2 小時。出爐後，用漏斗型濾器過篩，冷凍凝固。

千層派皮
在派皮上壓出 1 個直徑 20 公分的圓。為派皮鋪上鋁箔紙，並在塔圈內放上鎮石，在 160℃ 的烤箱中盲烤（à blanc）派皮 12 分鐘。接著移去鎮石，放涼。

海螯蝦穆斯林奶油餡
將海螯蝦切塊，接著用食物調理機攪碎，用網篩過篩，移至不鏽鋼盆中，並擺在冰塊上。加入濃稠的鮮奶油，撒鹽並拌勻。將蛋白打發，接著用橡皮刮刀混入混料中。調整味道。鋪在塔底，並用抹刀抹平。在烤箱的烤架上以 165 ℃烤 7 分鐘。

白醬
將紅蔥頭去皮並切碎。在平底深鍋中放入紅蔥頭、白酒醋和白酒。將湯汁煮至幾乎全乾。攪打奶油並加入少量的液態鮮奶油。調整味道，並用漏斗型濾器過濾。

擺盤
將塔擺在餐盤中央，鋪上魚子醬，以金箔裝飾。

費德烈克·安東

———

骨髓
L'os à moelle

訪談

出生日期與地點：
1964年10月15日於南錫（Nancy，默爾特-摩澤爾 Meurthe-et-Moselle）

可以用3個詞來形容費德烈克·安東嗎？

認真、嚴苛且誠實。

做事方法認真、誠實，而且誠實面對食材的加工。簡單，不改變事物的性質。尊重法國料理的偉大經典，而不會隨意竄改。我們永遠都必須重拾基本知識，因為這將形成其餘部分的指導方針。

你可以告訴我關於骨髓這道菜的創意發想過程嗎？它是如何誕生的？

誕生的日期……這道菜問世已有 20 幾年的時間。完全是巧合的結晶。一位記者來電告訴我說：「費德烈克，我們要舉辦一場特別的燒烤餐會……」我

> 尊重法國料理的偉大經典，而不會隨意竄改。

很驚訝地問他：「為何會找我？」「你的卡特隆牧場在大自然裡，我們可以在戶外燒烤，而且如果你能為我們製作一道配方就太好了。但絕對不要沙丁魚或串燒。」

掛上電話後，我想我應該能做點什麼！我走出辦公室，廚房裡有「肉」加工剩下的骨髓。為什麼？怎麼做？我不知道！但那天骨髓就在那裡。這是個非常有趣的過程，骨髓在烤肉旁邊。那是很適合燒烤的烤肉。我拿起骨髓進行調味，擺在燒烤架上，將每一面都烤過。之後，我拿了一大塊的馬鈴薯，切成很厚的厚片。我將馬鈴薯厚片擺在烤架上。

接著在骨髓烤熟時，我將骨髓倒在馬鈴薯上，將馬鈴薯當做麵包片。這就是一種新的骨髓料理法！過去人們總是習慣食用以蔬菜牛肉湯燉煮數小時的骨髓。但在這裡，骨髓會直接在骨頭裡進行烹煮和烘烤，因此是煮熟、結實且略帶粉紅色的質地。我們取出骨髓，擺在馬鈴薯上，用少許鹽之花、碎胡椒調味，接著就這樣食用。

後來，在我清理骨髓時，我意識到我有一個空的骨頭可以做為容器。我們開始將滿是骨髓的大骨切成不同大小的幾段。剛開始，我們填入豌豆和羊肚菌，或是蠶豆和羊肚菌、豌豆和雞油菌、高麗菜和牛肝菌、四季豆和松露等餡料。

概念由此而生。

你是用什麼樣的標準來選擇骨頭？

當做這些是為自己所準備的。多年來，我們有追蹤系統，可追溯精確的骨頭大小。我們投資了鋸骨頭的電鋸，現在電鋸功能優良，我們可以鋸各種大小的骨頭，並以我們的方式進行切割。這很有趣。

顧客會特地為了你的骨髓料理而來嗎？

很多顧客都是為了這道料理而來的。這道料理的討論度極高，我們已看過太多這樣的顧客！後來，當顧客在菜單上看到「骨髓」，如果是愛好者，就會立即想要品嚐。

這道骨髓料理確實代表著革新。我不想將它從菜單上去掉。一開始，大家都聽說卡特隆牧場美食餐廳裡有供應骨髓這道料理。顧客、餐廳業者、廚師都前來一探究竟。這道料理的配方肯定已經傳到世界各地了。但我認為沒人敢複製、重製這道料理，因為這道料理彷彿已印上我的名字，就像一種標誌。很有趣的是，經過 20 年後的今天，這道骨髓料理依然忠於原味，還是以同樣的方式烹調，就像第一次上菜一樣。我們沒有改良，這道料理始終如一。後來，這道骨髓料理已經有點像是卡特隆牧場的吉祥物了！

因此它有4種變化……

幾乎就是代表四季的 4 種變化。搭配不同的菇類、不同的蔬菜泥，就會是不同的料理。我們總是以同樣的方式處理：以肉豆蔻調味的豌豆泥，搭配表面的培根豌豆、用少許大蒜煎炒的羊肚菌，以及新鮮的紅蔥頭和香草。至於奶焗高麗菜，則是將水煮高麗菜鑲在馬鈴薯裡進行烘烤。用奶油一起煮。可在裡面加入適當調味。以此為基礎，我們會再煮一鍋的牛肝菌鋪在表面。小顆的蔓越莓豆（haricot coco）以培根和松露烹煮。以此類推。永遠都是由食材進行變化，製成泥或燉菜，並搭配菇類。

那你呢，費德烈克・安東，你喜歡哪種版本？

搭配羊肚菌或雞油菌豌豆的版本。除此之外，這真的是我們一開始製作的方式。

髓骨如今已構成卡特隆牧場（Pré Catelan）餐廳，也是我料理的一部分。

•

骨髓如今已構成卡特隆牧場餐廳，
也是我料理的一部分。

•

骨髓
L'os à moelle

4

人份

食材

骨髓
12公分的骨髓4根
8公分的骨髓4根
4公分的骨髓4根
磨碎黑胡椒10克
橄欖油100克
鹽之花
小牛湯汁（jus de veau）80克
鹽、胡椒

豌豆泥 Purée de petits pois
去殼豌豆150克
鮮奶油10克
奶油30克
肉豆蔻

燉豌豆培根 Ragoût de petits pois et lardons
去殼豌豆200克
煙燻培根（poitrine fumée）40克
小牛湯汁30克
細葉香芹（cerfeuil）1/4束

羊肚菌 Morilles
金黃羊肚菌200克
橄欖油20克
奶油40克
糖漬紅蔥頭（échalote confite）30克
糖漬大蒜10克
細葉香芹1/4束

搭配餐酒
迪迪埃・達格諾酒莊（Domaine Didier Dagueneau）2013年普依芙美（Pouilly-fumé）森林狐狸白酒（Buisson Renard）

骨髓
將 12 公分的髓骨周圍殘留的肉膜刮乾淨。用針在所有骨髓的長邊穿 1 個洞。將髓骨擺在烤盤上，在表面撒上黑胡椒和鹽之花；淋上橄欖油，冷藏醃漬 2 小時。

豌豆泥
用加鹽沸水煮豌豆，放入冰塊中冰鎮後瀝乾。將豌豆磨成泥，接著過篩。將鮮奶油倒入豌豆泥中，以小火加熱，接著和奶油一起攪拌。用鹽、胡椒、肉豆蔻調味。保溫。

燉豌豆培根
用加鹽沸水煮豌豆，放入冰塊中冰鎮後瀝乾。將煙燻培根切成條狀，在炒鍋裡進行翻炒，加入豌豆、小牛湯汁，以小火燉煮幾分鐘。加入切碎的細葉香芹，調整味道。

羊肚菌
用刷子將羊肚菌刷乾淨，用流水清洗，不要浸泡，接著將水分弄乾。用橄欖油將羊肚菌煮至出汁，排出植物的水分，接著瀝乾。在平底煎鍋中加熱奶油，加入羊肚菌油煎，接著加入糖漬紅蔥頭和大蒜。煎炒所有食材，調整味道，最後加入切碎的細葉香芹。

烤骨頭
將骨頭瀝乾，接著擺在熱烤架上。在每一面劃格子，烘烤時均勻淋上小牛湯汁，20 分鐘後將骨髓取下，確認熟度。

擺盤與最後修飾
將烤骨頭擺在大盤子裡，旁邊擺上 2 根空的髓骨。加上一半的豌豆泥，接著是燉豌豆培根，再來是煎羊肚菌。為骨頭淋上湯汁，上菜。

克里斯托夫·巴奎

現代蒜泥蛋黃醬
Aïoli moderne

出生日期與地點：
1972年6月9日於蒙特勒伊（Montreuil，塞納-聖丹尼 Seine-Saint-Denis）

可以用3個詞來形容主廚克里斯托夫·巴奎嗎？

在我的廚師生涯中，推動我前進的3個關鍵詞是：投入、頑強和分享。

你是何時創作這道菜的？

2011年底。

創意發想的過程是如何進行的？

剛開始來到這裡時，我們自問：要如何開始製作和普羅旺斯密切相關，同時又能保留美味，而且還是高級的美食？我們立刻鎖定蒜泥蛋黃醬和蔬菜，因為我們想被菜農包圍。儘管我不是在科西嘉島出生，但我也是在地中海附近，即科西嘉島和這裡之間的地區長大，並度過47年的人生。我在卡斯特雷已經10年了，再加上我在科西嘉島待的12年。

> ●
>
> 要如何開始製作和普羅旺斯密切相關，同時又能保留美味，而且還是高級的美食？
>
> ●

28

此外，我喜歡章魚，10 年前有人提議用章魚時，當時還沒有餐廳會製作這道菜。我們想將這一切現代化。很久以前，在普羅旺斯的傳統中，章魚是用來分享和慶祝的菜肴，而哪裡是最適合度過分享時刻的場所呢？就是餐廳！

在慶祝的歷史中總是少不了章魚，因此我們開始創作這道菜。我們可以說它成了一道「情感」菜肴，因為它深得我心。這道菜已隨著時間而更加精製，尤其是蔬菜的大小、烹煮方式。蔬菜並非用水煮，而是以魚高湯烹煮，並以檸檬橄欖油調味。放至剛好微溫。在每次上菜時才進行烹調，便不需要碰冰。這樣的做法讓蔬菜的原味得以保存。

這 10 幾年來主要的改變和蔬菜的烹飪技術有關嗎？

是的。蔬菜，但章魚也是。章魚是以真空烹調的，我沒什麼好隱瞞的。至於醬汁則可以看到蒜泥蛋黃醬的一切基礎。

為何稱「現代」？

因為我們特別使用了奶油槍來讓這道醬汁變得輕盈，也更現代化，同時也保留了蒜泥蛋黃醬的基礎。

裡面有大蒜、橄欖油……還有什麼？

蛋黃、少許奶油。都是蒜泥蛋黃醬的基礎。

但對這道菜來說，蒜泥蛋黃醬是調味料還是醬汁？

醬汁。讓它變得如此輕盈的是奶油槍。

你之前有做過實驗嗎？

沒有。我們已經有用奶油槍製作的檸檬橄欖油基底，還必須加入大蒜，而且要隨時留意，因為大蒜可能過了一個月就會變得較為濃烈。此外要燙煮 3 次。也有生大蒜，生大蒜和燙煮大蒜之間的比例會有所不同。這要用我們的味蕾來判斷，日常的校準也可能隨著每周、每日而變化。

而這道菜廣受顧客的好評！

沒錯，我會說廣受好評，甚至不只如此！某個國內知名美食指南的負責人在 2018 年的典禮上提到了這道菜。這是真正可用來代表這間餐廳的一道菜。我再次強調，這間在普羅旺斯生根的餐廳具有我所抱持的料理願景和理念，同時混合了科西嘉和普羅旺斯、法國南部和地中海地區的出色料理風格。我認為這道菜確實可說是巴奎風。

現代蒜泥蛋黃醬
Aïoli moderne

___

食材

章魚

地中海章魚760克

果味黑橄欖油（huile d'olive fruitée noire）20克

葡萄柚1顆

青檸檬1顆

羅勒油15毫升

巴羅洛醋（vinaigre de barolo）10毫升

喜馬拉雅山玫瑰鹽

尼泊爾花椒（Poivre de Timut）

艾斯佩雷辣椒粉（Piment d'Espelette）

發泡蒜泥蛋黃醬 Siphon aïoli

芥末醬5克

蛋黃20克

鹽2克

葡萄籽油64毫升

費南特釀果味橄欖油（huile d'olive fruitée, cuvée Fernand）24毫升

融化奶油24克

雪利酒醋（vinaigre de Xérès）3毫升

水15毫升

燙煮3次的蒜泥12克

大蒜1瓣

潘札（Penja）白胡椒

8-10

人份

章魚

將章魚冷凍，讓肉質軟化。解凍。將頭部和觸手切下，接著將觸手的凹凸不平處清洗乾淨。瀝乾，用鹽、胡椒和辣椒粉調味。和橄欖油一起真空包裝。放入蒸烤箱，以 76 ℃ 烤 3 小時 45 分鐘。將章魚切成小段，放至微溫後，用葡萄柚和青檸皮、羅勒油、巴羅洛醋、鹽、尼泊爾花椒和艾斯佩雷辣椒粉調味。

發泡蒜泥蛋黃醬

將芥末醬、蛋黃和鹽拌勻；和 2 種油一起攪拌至形成蛋黃醬。加入融化奶油。用醋和水稀釋。將大蒜刨碎，與蒜泥一同加入。撒上胡椒。用漏斗型網篩過濾，倒入裝有氣彈的奶油槍。隔水加熱至 55 ℃ 保溫。

接續 32 頁

•

這間在普羅旺斯生根的餐廳具有我所抱持的
料理願景和理念，同時混合了科西嘉和普羅旺斯、
法國南部和地中海地區的出色料理風格。

•

___

現代蒜泥蛋黃醬（接續上頁）
Aïoli moderne

———

蔬菜

小馬鈴薯8顆
果味黑橄欖油20毫升
大蒜1瓣
百里香1小枝
彩色櫻桃番茄 8顆
紫蘆筍5根
四季豆4根
綠色迷你櫛瓜1顆
黃色迷你櫛瓜1顆
帶葉圓蕪菁4顆
斜切的蔥2根
綠花椰菜芽80克
寶塔花菜80克
迷你紅甜菜2顆
迷你黃甜菜2顆
迷你茴香2根
胡椒鹽拌朝鮮薊
（artichauts
poivrades）2顆
帶葉胡蘿蔔10根
櫻桃蘿蔔薄片24片
醃圓櫻桃蘿蔔8塊
魚高湯（Fumet de
poisson）
賈森莊園青檸橄欖油
（Huile d'olive parfumée
au citron vert du
Domaine du Jasson）
葡萄柚1顆
青檸檬1顆
鹽之花
尼泊爾花椒

最後修飾

蛋2顆
醃葡萄柚角12塊
切成細條的鹽漬鯷魚2隻
章魚乾粉
羅勒油
艾斯佩雷辣椒粉

搭配餐酒

2018年米利亞普羅旺斯
丘熊園白酒（Côtes-de-
provence blanc Milia
2018 – Clos de l'ours）

蔬菜

在燉鍋中用油、大蒜和百里香油漬馬鈴薯15至20分鐘，
用刀尖檢查熟度，接著進行烘烤。

為番茄調味，淋上少許油，入烤箱以70℃烤1小時。將
蔬菜切成均等大小。將魚高湯煮沸，撒上少許鹽，加入青
檸橄欖油。

用魚高湯快煮四季豆，立刻擺在預先冷凍的烤盤上冷卻，
接著以同樣的方式先後烹煮不同的蔬菜，也以同樣方式放
涼。

在容器中將蔬菜拌勻，接著放至微溫後以油、醋、柑橘水
果皮、花椒和鹽之花調味。

最後修飾

煮蛋10分鐘。將蛋白和蛋黃分別過篩。調味。在餐盤上
擺上過篩的蛋黃和蛋白。將章魚和蔬菜勻稱地擺在餐盤左
半邊。加入葡萄柚、鯷魚和章魚粉。搭配碗裝的發泡蒜泥
蛋黃醬上菜。最後加上羅勒油和艾斯佩雷辣椒粉。

傑羅姆・邦代

「澳門」朝鮮薊佐櫻花心和新鮮香菜

L'artichaut « macau », coeur en impression de fleur de cerisier et coriandre fraîche

訪談

出生日期與地點：
1971年12月1日於雷恩（Rennes，伊爾-維萊訥 Ille-et-Vilaine）

可以用3個詞來形容自己嗎？

　　勤勞、完美主義且嚴苛。

　　我很內斂，喜歡和我的團隊一起待在廚房裡。

朝鮮薊的創作日期是什麼時候？

　　2017 年，我創造了這道以石灰水、香菜、櫻花葉烹煮的朝鮮薊，後來成了我料理中的代表性菜肴。我用生石灰來讓朝鮮薊脫水和氧化。石灰水可排出食材的水分，在食材周圍形成很薄的一層薄膜，讓食材得以保有良好的結實度。

●

這道菜用朝鮮薊表達我來自布列塔尼的出身，它述說著我的故事。

●

2017年！對於一道代表性的菜肴來說，這個年代好近！

我會告訴你整個故事。我們必須回到 2012 年才能瞭解這道菜的創意發想過程。當時，我在伊斯坦堡開了一間媽媽的避風港（Mama Shelter）餐廳。主廚名叫莫哈特（Mourhat），我請他向我展現經典的伊斯坦堡料理。

他拿了南瓜，而且彷彿仍在工作般，他去見了石匠，並帶回生石灰。他將南瓜去皮，混合石灰和水，用來醃漬南瓜 24 小時。接著，他混入土耳其式的糖漿，即水和糖的比例幾乎相同，接著放入披薩烤爐烤 4 小時。

通常南瓜一定會爆裂，但他的南瓜因石灰形成的外膜而鞏固，彷彿是沒烤過的生南瓜，就像一種土耳其軟糖。我進行品嚐，這真是一種瘋狂的玩意兒！而我認為我們可以用自己的方式來加以改良。但概念就只停留在這裡。

因此在 2017 年，我在反覆回憶後將這件事告訴我的助理 Line，他向我保證，如果我們以這樣的精神去做點什麼，應該會有不錯的結果。

因此你是從你的味覺記憶和源頭挖掘而來？

沒錯，正是如此。這道菜用朝鮮薊表達我來自布列塔尼的出身，它述說著我的故事。它也受到了土耳其之旅，以及石灰料理技術的影響。好幾年來，我一直想尋找一道神奇的朝鮮薊配方。因此我想將這種技術應用在這上面。

我們用一個很大的朝鮮薊底部，製作了石灰水，然後將朝鮮薊浸泡在石灰水中 6 小時。接著沖洗朝鮮薊，放入烤箱，看看會發生什麼事。我們將朝鮮薊取出，趁熱擺在容器中，蓋上保鮮膜：這時所有的熱氣會凝結，水分落在表面，讓朝鮮薊變得稍微柔軟。

但烤箱的烘烤還不夠理想。因此，我們試著用 Gastrovac 低壓真空烹飪機烹煮，賓果！

Gastrovac 低壓真空烹飪機是一種可以將液體重新注入內部的設備，有點像壓力鍋。我們用朝鮮薊外面所有的葉子、胡蘿蔔、芹菜、白酒製作朝鮮薊湯汁，有點像是朝鮮薊鑲肉。

我們將這以石灰水煮的朝鮮薊放入 Gastrovac 燉鍋中，加入朝鮮薊湯汁，預計煮 2 小時，讓湯汁逐步滲透至內部。這就是我們的方針。

一顆朝鮮薊要煮 48 小時。之後，我們煮至上色，淋上湯汁。

而為了形成最終的樣貌，我自問：「好，這超棒，但有點太淡了，我可以加什麼？」於是我想到可以用（山櫻）櫻花葉來製作可提供酸味的果凝。我愛櫻花葉，因為這讓我想起零陵香豆的味道和氣味。

多麼有趣的故事！

確實！我第一次是用海魴來搭配這道朝鮮薊料理，因為我不希望餐盤裡只有朝鮮薊。後來一名顧客前來跟我說：「你的海魴煮得真好，非常美味，但你的朝鮮薊更是超級美味！請為我去掉沒用的部分！」我回答：「朝鮮薊嗎？」「不！請為我去掉海魴，只給我朝鮮薊……」。就是從這裡開始的。

所以，用餐盤端上朝鮮薊的想法來自一名顧客？

是的。此後，我再也無法將它從菜單上移除。

朝鮮薊
L'artichaut

4

人份

食材

朝鮮薊

朝鮮薊1.8公斤

櫻花湯（bouillon de sakura）500毫升

櫻花醋凝 Gel de vinaigre de sakura

櫻花醋 400毫升

洋菜4克

三仙膠（xanthane）2克

炸朝鮮薊 Artichaut frit

胡椒鹽拌朝鮮薊（artichauts poivrades）5把

油炸用油

鹽

朝鮮薊泥

朝鮮薊1公斤

切碎洋蔥250克

橄欖油1大匙

家禽高湯1公升

冷奶油150克

朝鮮薊

削整朝鮮薊，去掉花苞底部的絨毛，將底部連同櫻花湯一起放入 Gastrovac 低壓真空烹飪機中煮 30 分鐘。確認熟度：朝鮮薊底部應呈現結實質地，但內部熟透。瀝乾，將櫻花湯另外保存。放至完全冷卻。

櫻花醋凝

攪拌醋、洋菜和三仙膠，煮至微滾 3 分鐘。移至烤盤上，接著以美善品多功能料理機（Thermomix）攪打。

炸朝鮮薊

將小朝鮮薊旋切成薄片。以 140°C 油炸，用吸水紙將油吸乾，撒鹽，接著放入烘乾機中烘乾。

朝鮮薊穆斯林奶油醬

旋切朝鮮薊，並將底部切成 4 塊。用橄欖油將洋蔥煮至出汁，加入朝鮮薊，再度煮至出汁，淋上家禽高湯，全部再煮 30 分鐘。瀝乾，連同冷奶油一起用果汁機攪打，用漏斗型網篩過濾。填入裝有圓口花嘴的擠花袋中保溫。

接續 38 頁

朝鮮薊（接續上頁）
L'artichaut

櫻花湯
茴香1.5公斤
芹菜500克
白色巴黎蘑菇2公斤
水5公升
（亨氏Heinz®）醬油65克
鹽漬（山櫻）櫻花葉10片
家禽高湯3公升

朝鮮薊鑲肉 Barigoule d'artichauts
朝鮮薊葉片1.5公斤
洋蔥100克
紅蔥頭100克
胡蘿蔔100克
韭蔥100克
茴香100克
大蒜1大匙
百里香
白酒2公升（淹過）
液態鮮奶油200克
家禽高湯1.5公升
奶油250克

最後修飾
無鹽奶油
櫻花醋
大蒜1瓣
百里香1小枝
切碎的香菜1/2把
以櫻花湯浸漬並真空烹調的香菜葉12片

搭配餐酒
萬乘釀造（Banjo Jozo）
醸し人九平次純米大吟 35
（山田錦米：35%）

櫻花湯
將茴香、芹菜和巴黎蘑菇修剪、清洗並切片。
將茴香和芹菜切成薄片並煮至出汁，但不要上色，用水淹過，煮沸，接著加入蘑菇。煮至微滾 20 分鐘。將湯汁收乾 3/4，用濾斗型濾器過濾，接著加入家禽高湯，再度將湯汁收乾一半。用醬油調味。
沖洗櫻花葉，浸泡在微滾的湯中，加蓋，離火浸泡 30 分鐘。移至適當容器中，冷藏保存。將櫻花葉瀝乾，切碎。保存做為朝鮮薊鏡面使用。

朝鮮薊鑲肉
清洗朝鮮薊葉片。將洋蔥、紅蔥頭、胡蘿蔔、韭蔥和茴香去皮、清洗並切片。全部放入湯鍋中，加入大蒜和百里香，用白酒淹過，煮沸，讓酒精蒸發，加入家禽高湯，煮至微滾 1 小時。用漏斗型網篩過濾，加入奶油和鮮奶油，拌勻。倒入 1 公升的奶油槍中，裝上 2 顆氣彈。

最後修飾與擺盤
將朝鮮薊底部切成 4 至 6 塊，和奶油、大蒜和百里香一起煮至上色。倒入櫻花醋，用櫻花湯製作鏡面。撒鹽，加入切碎的香菜。
在餐盤上擺上 3 塊朝鮮薊底部，加上櫻花醋凝小點、朝鮮薊穆斯林奶油醬小點和朝鮮薊片。在醬汁杯中擺上朝鮮薊鑲肉。以香菜葉裝飾。

酸葡萄汁醃肥肝（接續上頁）
Le foie gras mariné au verjus

檸檬果凝 Gel de citron

（約400克的果凝）

視大小而定，黃檸檬12至16顆（以取得約400克的果肉）

洋菜10克

砂糖100克（依個人喜好而定）

檸檬2顆

橄欖油100毫升

檸檬糖漿

搭配餐酒

2015年摩澤爾（Mosel）產區克萊布施酒莊（Clemens Busch）不甜麗絲玲（riesling trocken）–紅板岩（Vom Roten Schiefer）

4

人份

檸檬果凝

用清水刷洗黃檸檬。將每 4 顆黃檸檬用鋁箔紙包起（密閉紙包），放入烤箱以 150 ℃烤 1 小時至 1 小時 30 分鐘。立刻將鋁箔紙取下，靜置整整 15 分鐘。將浸漬至最鬆軟的 5 顆黃檸檬取下果皮。將所有黃檸檬切開，用湯匙將果肉挖出（去掉所有苦澀的白膜部分），用漏斗型網篩過濾果肉和之前取下的果皮。

在果肉冷卻時，放入平底深鍋中，加入混有砂糖的洋菜。從冷卻的果肉開始烹煮，加熱至沸點，接著微滾 1 分鐘。將混料倒入大的長方形餐盤，在常溫下凝固幾小時。

用電動攪拌機攪打 400 克的果凝和檸檬皮，接著用 2 顆檸檬的檸檬汁、100 毫升的橄欖油、少許檸檬糖漿或黃色食用色素（以形成美麗的黃色）和少量的水攪打至乳化。應形成濃稠滑順的膏狀。

●

我有 3 項料理原則：
烹煮方式、調味、切割……
在這方面，我的旅程和我的發現
帶給我不少收穫。

●

皇家野兔（接續上頁）
Le lièvre à la royale

———

蔓越莓調味料
Condiment aux airelles
切碎的紅蔥頭150克
雪利酒醋220克
蔓越莓960克
酢漿草10克

搭配餐酒
高納斯（Cornas）產區隆河丘（Côtes-du-Rhône）紅酒– 蒂埃里・艾蒙酒莊（Thierry Allemand）

蔓越莓調味料
將切碎的紅蔥頭煮至出汁並上色，倒入雪莉酒醋，將湯汁濃縮至形成糖漿狀。加入蔓越莓燉煮。加入酢漿草、鹽和胡椒，用電動攪拌機攪打後過濾。倒入半球形的軟模中，冷藏凝固。將半球形混料浸泡在卡拉膠（Kappa）中，之後讓小球在常溫下靜置。

醬汁
過濾野兔的烹煮湯汁，濃稠收乾，用野兔血勾芡，不要煮沸。調整味道。

最後修飾與擺盤
將皇家野兔切片，連同醬汁一起放入平底鍋中，加蓋，用烤箱以 100 ℃加熱。在盤中擺上一片皇家野兔肉片，淋上醬汁。擺上蔓越莓調味料和以橄欖油醃漬的紅栗南瓜片。撒上鹽之花，並用研磨罐撒上 1 圈的黑胡椒。

●

我想製作能觸動幾乎所有人的料理。

●

你經歷了很多事！

當然！我還要告訴你一件小趣事。有一天在土耳其，確切地說是在伊斯坦堡的凱賓斯基（Kempinski）飯店，一排由 150 名廚師組成的迎賓人牆迎接我和保羅先生的到來。在我們進入餐廳裡，他對我說：「這裡美極了，克里斯托夫，我們真幸運能在這裡。」他一直這麼說著：「我們真幸運能在這裡。」

在我們單獨吃飯時，3 名小提琴家為了對他表示敬意，在他背後全力演奏著。我暗自發笑，因為我知道保羅先生偏好安靜吃飯。他看著我說：「他們還在演奏……」我只能回答他：「保羅先生，他們在您背後。」關於這點，經理來了：「保羅先生，我可以為您做些什麼？」他大概提出了 10 次同樣的問題。廚師對此感到恐懼，這是個單純的傢伙。但 5 分鐘後，他要求我：「克里斯托夫，告訴這些小夥子，叫他們去睡覺，我耳朵不好。」因此我對經理坦誠：「先生，不好意思，您能請小提琴家停止演奏嗎？保羅先生喜歡安靜吃飯，他不想要音樂。」

然後經理很兇地下達指令，但真的很兇。對此，保羅先生對我說：「他也不容易，對吧？」他不喜歡這樣，他喜歡親切地跟合作者說話，而且認為這有點不得體。

就在這時候，經理回來了。我偷笑，因為保羅先生吃飯時，如果我敢這麼說的話，他就像狗一樣：最好不要靠近他的碗。這次，保羅先生把手放在他的手臂上：「你能幫我一個忙嗎？」

「當然，當然，保羅先生，請儘管開口！」

「當我們進來凱賓斯基時，有一排迎賓的人員，左邊是勞斯萊斯，右邊是法拉利。另一方面，我也看到街道的排水溝裡有一名流浪漢。您請流浪漢進來，讓他就座，並提供他食物，這會讓我感到開心。」

經理照著做了，這名先生過去是在凱賓斯基這間宏偉的大廳裡服務的。這是多麼高尚的行為啊！

•

有一個細節或許很少人知道，一個小變化，你的書或許有助於說明。過去我們會加家禽高湯，但那已是將近 15 年前的事了，我們已經改變了。現在用的是牛肉濃縮清湯，更加美味。

•

保羅‧博古斯設想周到，他預見了一切……

正是如此。就像在下棋，我會說保羅‧博古斯總是領先兩步。

你是如此了解他，你會想用什麼形容詞來向他致敬？

在保羅先生過世時，我讀了許多關於他的事，但我經常會想到一個詞，也就是「夥伴」（copain，字面上就是可以共享麵包 pain 的人）。現在，人們不再說「夥伴」了，我們會說「同事」、「朋友」。最終，他有許多夥伴，因為他付出了很多，他樂於分享。如果在他喪禮那天有這麼多人出席，那是因為他一生都在為別人著想。

夥伴和分享是密不可分的！

他不想要敵人。他不愛敵人。而他越是不愛一個人，他越想跟他說話。和真正的哥兒們在一起時，他可以共桌吃飯而不交談。不談論料理，而是聊其他的事：家人、電視、政治。此外，他也極其好奇和現代化。他對我說：「你知道這是從哪裡來的嗎？」我回答他：「網路。」而某一天，他問我：「網路？」

「呵，沒錯！保羅先生，你的 iPhone 上有 Google。」

「你在開玩笑嗎？」「輸入『博古斯』！」

我在 YouTube 上打了他的名字，所有他過去製作的舊照片、舊影片再度出現。我想他從晚上 7 點一直看到了午夜。他對我說：「你看過那個了嗎？你看過這個了嗎？」

從那時候起，他真的像個年輕人般使用他的手機。這就是為何我說他超級現代化！

季斯卡總統松露湯
La soupe aux truffes VGE

主廚保羅·博古斯

食材

家禽高湯塊2塊

雞胸肉（去皮）150克

根芹菜（céleri-rave）100克

胡蘿蔔1根

直徑3公分的巴黎蘑菇頭8顆

新鮮松露80克

諾麗香艾酒（Noilly Prat）4大匙

熟肥肝60克

現成的千層派皮250克

蛋黃1顆

細鹽

搭配餐酒

廷巴克酒廠（domaine Trimbach）「弗德烈克·埃米爾特釀」（Cuvée Frédéric Émile）2001年麗絲玲白酒（Riesling）

4

人份

將烤箱預熱至 200 ℃。

在平底深鍋中倒入 500 毫升的水，煮沸。

在沸水中加入高湯塊，拌勻。為雞胸肉撒上少許鹽。放入高湯中，微滾 6 分鐘。將雞胸肉瀝乾。

將芹菜和胡蘿蔔去皮。將芹菜切成 1 公分的片狀，接著切丁。將胡蘿蔔切半，接著切成 1 公分的片狀，接著切丁。將蘑菇頭切成薄片，接著切成條狀和切丁。和芹菜、胡蘿蔔（碎粒）拌在一起。將松露切成極薄的薄片。在 4 個約 250 至 300 毫升的耐熱瓷碗中倒入 1 大匙的諾麗香艾酒。加入滿滿 1 大匙的蔬菜碎粒。

將肥肝切丁。分裝至碗中。將雞胸肉切成 1 公分的片狀，接著切丁，放入碗中。加入松露薄片。在碗中加入高湯至 1.5 公分的高度。

在工作檯上鋪上千層派皮。切成 4 個直徑 13 至 14 公分的圓。在每個碗上擺上 1 張圓形派皮，將派皮邊緣向下朝碗壁折起，輕輕按壓密合。攪拌蛋黃、1 小匙的水和 1 撮的鹽。用糕點刷將蛋液刷在派皮上。入烤箱烤 20 分鐘。用刀尖切去濃湯酥皮的頂蓋。立即享用。

●

像這樣的菜，應該要讓它們得以延續！

●

PAUL BOCUSE

Soupe de truffes

那麼，你的父親尚‧米榭（Jean-Michel）在他的時代是位先驅！

　　我認為經營菜園並不是個問題，因為它已經存在。我的父親將菜園裡的所有蔬菜都用在餐廳裡。我們沒有考慮過是否要從批發商那裡購買蔬菜。這是當然的，這確實不會是選擇。

馬鈴薯湯的創作日期是什麼時候？

2018 年。這是我打算保留的一道菜，因為在大家開始談論我菜單上的其他料理之前，這是大家最早開始談論的一道菜。

這道菜的創意發想的過程是如何進行的？

來自童年的回憶。我的料理是建立在我的回憶上，因為我確實是在我父親的廚房裡長大的。我希望我創造的每一道菜都能述說我的故事，述說我家族的故事。馬鈴薯湯是關於我祖父羅伯‧布維耶（Robert Bouvier）的回憶。因此，我更深入擴展這道配方，試著尋找並了解推動我的力量。我們做了嘗試，很多的嘗試……十幾個版本的馬鈴薯湯，目前的結果還不算完美，因為我知道我還可以再提升，不過我和我的顧客已經感到滿意了。

這是一道很符合我的菜，因為它具有薩瓦地區的風格，而且具有一段美麗的故事。

請你簡單介紹這道我祖父的馬鈴薯湯。

我父親的餐廳每周營業 7 天，我每個周末都在祖父母家度過。我們每天在菜園裡採集蔬菜和香草，這對我來說一點也不算是苦差事，而是真正的樂趣。我們廚房的中央有爐子，每天早上我的祖父都在剝馬鈴薯皮，將馬鈴薯浸泡在牛奶裡，在爐邊煮。我們早上大部分的時間都在採集植物並全部裝箱中度過。到了中午，我的祖父會用電動攪拌機攪拌湯頭，用自己的方式調味。我在創作這道菜時便是以此為基礎。我想重新打造這道菜，但是以我的方式。因此我們加以改良，帶入更多的技術性，這就是這道湯的祕密。裡面有很多東西，這不是一道花 2 秒就可以完成的簡單馬鈴薯湯，製作程序相當漫長，而當你嘴裡有這樣的味道時，我認為這是非凡的體驗。

你有使用特殊的馬鈴薯嗎？

經過數次的嘗試，我決定使用我認為具有地方風味的賓傑（bintje）馬鈴薯。

你的馬鈴薯湯有何不同？

我喜歡我所有的菜都帶有酥脆口感。因此我將馬鈴薯瓦片撒在表面，提供脆口感。下面則是用薩瓦酒醃漬的炒蘑菇粒搭配少許松露。馬鈴薯和松露，真是不可思議。湯、炒蘑菇粒和蘑菇片提供 3 種不同的口感，在嘴裡擴散開來，而這正是我所追求的。

這道菜雖然這麼年輕，但是否有經過許多改良？

是的，至少有 10 個版本。至於 3 種口感，我不知道未來要如何修正，但基礎就是這樣。我們會從中變化的是小小的修飾，讓情感變得更強烈，我是這麼希望……

如果你還想再改良，這就保證了這道菜具有光明的未來！

我很喜歡變更菜單，但這道菜，我會隨著時間而保留。

這是我親嚐後在菜單上供應的第一道菜。從用餐開始，這道菜就立即令人印象深刻，在品嚐後，人們也會記得。顧客們幾個月後再回來，他們還會跟我談論這道菜！這令人開心，因為這就是我想傳達給顧客的：情感。

我們是廚師，當顧客表示他們在我們的餐廳裡用餐時有多麼感動時，這就是最動人的獎賞。身為廚師，我們是狂熱份子，我們有許多時間都在廚房裡度過，而我們服務後在大廳裡見到顧客時，聽他們談論他們感受到的幸福，這就帶給人極大的滿足。

這讓我們快樂，也為我們帶來自信。

塞巴斯蒂安・布拉斯

——

田園溫沙拉
Le gargouillou

訪談

出生日期與地點：
1971年11月11日於拉吉奧爾（阿韋龍省 Aveyron）

可以用3個詞來形容自己嗎？

對自己的言語、行為和選擇真誠。生根，因為我一旦聲稱自己是哪裡的人，我就會心繫於此，而且希望用自己的方式將這裡發揚光大。我最近所能做出的決定也強化了進一步走向真實性、發展生根意識的想法。人生只有一次，我認為應該在適當的時刻做出適當的選擇。

「田園溫沙拉」的創作日期是什麼時候？

1980 年代初期。這道菜最早是我父親米歇爾的作品。在他職業生涯初期，他非常受挫。他想在當時的大餐廳裡磨練技術，但沒能成功。因為當時沒人認識他，要進入當時的這些餐廳是不可能的任務。有很長一段時間，他都為此所苦。這讓他不得不思

考這塊缺乏美食力量的領土可以為他提供什麼，來組合出高識別度、自成一流的菜肴。因此，對我父親來說，一開始的狀況很複雜，但他最終從自己的不足之處中建立起力量。我相信這道「田園溫沙拉」見證了他開始發展的趨勢，他表達了自己對領土和植物的執著。

就如同法國藝術家皮耶・蘇拉吉（Pierre Soulages）所說：「手段越有限，表達就越強烈。」奧布拉克高原以氣候嚴峻著稱，每平方公里只有 3 名居民，而且資源有限。因此，為了創造強烈而獨特的身分，就像我父親用料理表達的那樣，植物建造出相當合理的入口。然而在 1980 年代初期，在以豬肉、香腸和起司馬鈴薯泥（aligot）聞名的地區推出幾乎 100% 植物性的菜肴就像是對地方美食的反動。

田園溫沙拉
Le gargouillou

————

4

人份

食材

各種市場能供應的蔬菜

各種適合摘採的香草、花、
種子

鄉村火腿（jambon de
pays）4片

蔬菜湯

手工奶油（beurre de
baratte）60克

鹽、胡椒

搭配餐酒

年輕年份的加雅客鎮綠莫札
克（Gaillac mauzac vert
jeune millésime）白酒 –
普拉久勒酒莊（Domaine
Plageoles）

將準備的所有蔬菜去皮、修剪、削切、切塊、切片、清洗。

個別以加鹽沸水烹煮。冰鎮後瀝乾。

用煎炒鍋將鄉村火腿片煎至金黃。去掉肥肉並倒入蔬菜湯。加入核桃大小的奶油，讓奶油
和火腿湯汁一起乳化。讓奶油塊在湯中滾動並加熱蔬菜。

開始翻攪蔬菜，為蔬菜賦予「生命力」。最後，讓春季的細香草枝（龍蒿、香芹、蔥、細
香蔥……）、田野香草嫩葉（小地榆、蓍、歐薯……）、發芽的種子……「盛開」。

•

這就是這道菜令我感興趣的地方，
不是靜物，而是栩栩如生的大自然的概念，
就像我們的環境一樣。

•

尚雷米·凱隆

———

博日菊苣鱒魚佐喬維山番紅花和野生柚子

La truite, endive des Bauges au safran du mont Jovet et yuzu sauvage

訪談

出生日期與地點：
1984年9月12日於羅阿訥（Roanne，羅亞爾河谷 Loire）

可以用3個詞來形容主廚尚雷米·凱隆嗎？

　　法國人，因為我至今仍深深景仰法國、阿爾卑斯，以及我故鄉地區的美食傳承。我的家族也非常喜愛這樣的餐桌文化，而且懂得將這些深深影響我的價值傳授予我。

　　旅人，喜歡和旅程中遇見不同背景的男男女女交流並分享獨特的時刻；我是個很愛探索新的文化、新的國家、不同生活方式、不同味道，以及不同技術的人。

　　廚師，打從有記憶以來，我便一直愛好美好的事物，包括料理對我的吸引力，以及一些我能嘗試的天賦。因此這項職業對我來說並不真的算是一種選擇。當人是如此貪求美食時，料理會從你心底呼喚你。我將鮮味視為我廚師工作的核心，即「鮮美的味道」。當找到可引發鮮味的驚人食物組合時，實在令人激動。這可以讓一道菜變得更誘人，更美味，也更有趣。

你可以告訴我們關於這道菜的創意發想過程嗎？

　　這是一道經過改良的菜。我在 2016 年構思出原始配方，此後便經常改良。

　　首先組合番紅花和菊苣的味道；前者生長於雪維爾對面的博澤爾，而後者則提供細緻的苦澀味。我們可以用菊苣變換多種口感：可糖漬、可清脆，也可以用生菜進行變化。

　　接著還有種植於法國阿爾卑斯山的山腳下，味道較為濃烈的野生柚子。受到我妻子的影響，我的料理也帶有些許的日本風味。

　　這道菜就是在這些配菜的圍繞中所打造的。柚子提供了平衡菊苣淡淡「甜」味所需的酸，而番紅花則讓這道菜變得更圓潤。鱒魚是一種特別適合用來突出這不同香氣的魚。這是養殖鱒魚。這樣的選擇出於兩個理由：一方面，我確定這是可追溯的；另一方面，現在湖泊和河川裡的鱒魚已經很罕見了。

博日菊苣鱒魚佐喬維山番紅花和野生柚子

La truite, endive des Bauges au safran du mont Jovet et yuzu sauvage

10

人份

食材

番紅花菊苣 Endive au safran

特級菊苣1公斤

細鹽18克

番紅花蕊1.2克

砂糖36克

榛果奶油（beurre noisette）240克

白色高湯（fond blanc）480克

番紅花奶油 Beurre au safran

番紅花菊苣烹煮湯汁

無鹽奶油300克

野生柚子汁15克

炒菊苣 Endive sautée

特級菊苣500克

柚子醋（yuzu ponzu）30克

醬油15克

柚子胡椒（yuzukoshō）5克

鱒魚

河鱒2公斤

粗鹽400克

鹽之花10克

搭配餐酒

2015年阿洛布羅基斯地區（Pays d'Allobrogies）不添桶釀（sous voile）夏斯拉阿洛布羅基酒（Vin des Allogroges chasselas）– 多明尼克・盧卡斯（Dominique Lucas）

番紅花菊苣

去掉菊苣最外面的葉子。將其他食材一起放入燉鍋煮沸。加入菊苣並加蓋。在爐邊微滾約 40 分鐘，接著放涼。將菊苣從長邊切片，預留備用。

番紅花奶油

將菊苣烹煮湯汁收乾至形成味道適中的濃縮湯汁。將奶油加入湯汁攪拌。以柚子汁的酸調整味道的平衡。

炒菊苣

將菊苣葉脈切成半圓形。攪拌柚子醋、醬油和柚子胡椒。上菜前再用奶油大火快炒菊苣。倒入混料，將湯汁收乾幾秒，讓菊苣塊被湯汁完全包覆。

鱒魚

處理鱒魚，小心取出脊肉並去骨。上菜前，在鱒魚脊肉的皮上撒上粗鹽。在極熱的烤箱（300 ℃）中烤幾秒。去皮，並去掉多餘的粗鹽。以鹽之花調味並享用。

在每個餐盤上擺上 1 塊魚脊肉、番紅花菊苣、炒菊苣，並淋上番紅花奶油。

•

這是我菜單中最具代表性的一道菜，
我從未改變過，而且維持 100% 的在地特色：
蝦是這裡的，蘆筍是這裡的，葡萄酒也是這裡的。

•

這道菜的創意發想的過程是如何進行的？

　　每天早上，我都等著船回到聖雷莫（San Remo）。我認識所有的漁夫，因此我大概知道他們什麼時候回到港口。我說義大利文，漁夫們和我在一起很自在。對他們來說，我並不是法國來的不速之客。而且無論如何，當漁夫有非凡的食材，他會讓給想要的人。

　　因此，某天我在那裡等著船，一邊啜飲著貝里尼調酒時，突然間，當我看到蝦子抵達時，我說：「天啊，貝里尼和蝦子超搭的！」這晚在餐廳裡，我拿了種植的新鮮香草、百里香、馬鞭草，想到了將馬鞭草和蝦子組合在一起的點子。

這是哪一年？

　　已經 20 年了，20 年來，我保留著同樣的配方。

　　在哲羅姆旅館，有兩道菜自 1999 年以來便沒有太大的更動：鴿子和蝦子料理。

那麼這兩道菜自20年來完全沒有變動？

　　正是如此。這也是很有趣的問題，因為很多廚師在創造一道菜之後，會不斷試圖改良或變更配方以迎合趨勢。有 99% 的廚師都會這麼做，但這不是我做事的方式。

　　這道蝦料理，我從第一個晚上就是這麼做的，後來也一直沒有變。一直都有馬鞭草蜜桃汁。我要跟你說一件事：在我試圖要改良這道菜時，我差點以為我的太太會殺了我！

　　對我來說，蝦子是很獨特的食材。為了搭配蝦子，我們會送上冷的貝里尼果汁。這是混有普羅賽克微氣泡酒和馬鞭草的蜜桃汁。

　　配菜則是蘆筍。如果我沒有蘆筍，我們會放別的東西，有時會發生這樣的情況，但基本上這是我菜單中最具代表性的一道菜，我從未改變過，而且維持 100% 的在地特色：蝦是這裡的，蘆筍是這裡的，葡萄酒也是這裡的。

請和我們談談蘆筍……

這是種在阿爾本加（Albenga）海邊的蘆筍。它們是在浪花的搖動下長大的，因而形成非凡且獨特的味道。

蝦子是地中海的「紅色黃金」。這是非常罕見的食材！

非常稀少，也非常昂貴。聖雷莫的蝦子無與倫比。這是從深海捕獲的大蝦，因此味道和口感都美妙絕倫。我們會吃到蝦子近乎清脆的緊實口感，再加上接近海螯蝦的細緻肉質。簡而言之，這是無與倫比的食材。

很難捕撈嗎？

是的，很難捕撈。為了捕撈，必須要到聖雷莫北部的斷層裡。而且這種蝦子的捕撈是有管制的，因為這是受保護的品種。

最後在製作時，這道菜類似快煮料理！

沒錯，我製作的是非常細緻的快煮料理，極少的加工處理。確切地說，海倫，我沒有在想「配方」這件事，我並不是製作配方的人：我做的是菜。我做料理就像在冒險，我努力捕捉生氣蓬勃的部分，而且希望能重現陸地和海洋的精神。我和我的生產者們非常親密，我認識他們有 20 年之久，而他們也會把非凡的食材交託給我，這就是我必須在我的餐盤上重現的。

馬鞭草貝里尼汁焗蝦佐海邊種植紫蘆筍

Les gamberoni, jus Bellini à la verveine, asperges violettes cultivées en bord de mer

4

人份

食材

聖雷莫捕獲紅蝦12隻

海邊種植的紫蘆筍12根

非常成熟的普羅旺斯白桃2顆

非常硬的普羅旺斯血黃桃2顆

蒙頓（Menton）檸檬1顆

蒙頓葡萄柚1顆

馬鞭草嫩葉2枝

尼斯橄欖油250毫升

普羅賽克微氣泡酒（prosecco frizzante）250毫升

粗鹽

鹽、胡椒

搭配餐酒

基督山香檳（Champagne Le Mont des Chrétiens）－薩瓦香檳（Champagne Savart）

半油漬葡萄柚、馬鞭草、橄欖油

將葡萄柚去皮並去掉白膜部分，切塊；一起擺在 1 層馬鞭草葉上。保留葡萄柚汁。浸入大量橄欖油，撒上鹽和胡椒。入烤箱以 100 ℃烤 2 小時。

生紫蘆筍 Carpaccio d'asperges violettes

將紫蘆筍頭約略切碎，撒上大量的鹽。讓蘆筍排水 30 分鐘，用冷水沖洗，擺在吸水紙上吸乾水分。攪拌切碎的蘆筍和半油漬葡萄柚。用葡萄柚汁、橄欖油、鹽和胡椒調味。

馬鞭草貝里尼蜜桃汁 Jus Bellini à la verveine

用蘋果去核器取下 8 塊圓柱狀黃桃。用叉子將碗中極香的 2 顆白桃壓碎。加入普羅賽克微氣泡酒、幾片馬鞭草葉、少量檸檬汁，在常溫下浸漬黃桃，接著過濾。

蝦子的烹煮

將蝦子去頭，取出內臟，將每隻蝦從頭到尾插在小竹籤上，以維持筆直。以大火加熱橄欖油和幾片馬鞭草葉，每面煎 30 秒。擺在靠近烤箱口的烤架上，上菜前的最後一刻再去殼。

蝦子的擺盤

在大湯盤中擺上去殼的微溫蝦子，加入小條的醃黃桃、生蘆筍片，淋上貝里尼蜜桃汁、橄欖油，用粗鹽調味，撒上幾片結晶馬鞭草葉（verveine cristallisées）。

Seamos
realistas
hagamos lo
imposible..

莫洛．科拉格瑞柯

熱沾醬槍烏賊

Le calamar bagna cauda

訪談

出生日期與地點：
1976年10月5日於拉普拉塔（La Plata，阿根廷）

可以用3個詞來形容你自己嗎？

固執，我很頑強，當我想要某個東西時，我絕不放手。非常容易激動，因為我極為熱情。最後是自我要求高，因此也會要求別人。

你是如何來到法國的？

我的旅程有點特別，在開始做料理之前，我做過很多事。

我有文學學位，這就是為何我在廚房裡貼了許多名言。在大學裡學了 2 年的經濟學和管理後，我意識到自己走錯了路，我不知道自己會變成什麼樣子。因此我去一位朋友家，他在布宜諾斯艾利斯經營餐廳，我就這麼偶然地走進了廚房。但當我到了那裡，我立刻感受到餐飲服務帶來的那股悸動，那種腎上腺素分泌的感覺，多麼美妙。那個禮拜過後，我便開始打聽可以到哪裡進行培訓。那時我 20 歲，我開始做菜，而由於我對文學的喜好，法國深深地吸引我：我熱愛法國文學、法國文化……因此，我列出了所有偉大的廚師，但不只是法國的廚師。在當時的南美洲，人們經常談論的是西班牙廚師，但後來這一切都轉移至法國，因此我告訴自己，我必須到法國學習基礎。我想在法國待 3 至 4 年後再回去阿根廷。

最後，你留了下來……

是的，我來到波爾多，接著我考取了拉羅歇爾的餐飲管理中學（lycée hôtelier à La Rochelle）。後來，我在令人難以置信的廚師：貝爾納．盧瓦索、阿朗．帕薩爾和艾倫．杜卡斯身邊工作。

而你在蒙頓開了自己的餐廳。

是的，在 2006 年。

為何會選在蒙頓？

我也問我自己同樣的問題問了好幾次，主要是因為地點：這間餐廳在 4 年前關閉，餐廳的年代可追溯至 1930 年代，當時是很有名的餐廳，因為這是唯一一間位於邊境附近的餐廳。

你是什麼時候創造這道槍烏賊料理？

2012 年。

這道菜非常獨特。創意發想的過程是如何進行的？

一般而言，我創作菜肴的方式總是多少會呼應同樣的連貫性。首先是味道的搭配。我試著尋找將構成這道菜的元素，以及接下來我們要如何處理。

我想到 bagna cauda（義大利文的「熱水澡」）醬的點子，這道皮埃蒙特（piémontaise）醬可以說是鰻魚調味醬（anchoïade）的前身。在我品嚐這道醬汁時，我發現它和槍烏賊可以是完美搭配。

搭配槍烏賊的問題在於，顧客並不總是喜歡這樣的口感。可能會有點像「橡膠」，但這取決於食材的品質和大小。

在亞洲旅行時，我嚐到以某種方式切割的槍烏賊。

我開始試著以同樣方式切割，但我無法完全掌握那樣的技術：我切錯方向了！我試著用烤的，但槍烏賊捲不起來。我最終偶然意識到這是因為膠原蛋白的關係，所以帶有黏性。

後來，我們開始用自己的方式料理槍烏賊，最後將槍烏賊完全切開。膠原蛋白在烹煮的溫度下無法再保持黏性，因此便能用叉子分開。

你從亞洲回來後，花了多少時間才發展出你的想法？

至少 6 個月。

這真的是很實質性的工作……

是的。首先，當我旅行回來，我會先蘊釀想法，而不會立即開始著手進行。其次，我們無法達到預期的結果。突然間，我想我們必須拋開某些一開始的想法，並嘗試用我們自己的方式來處理槍烏賊……

接下來你用鰻魚基底的醬汁來提味？

我用這槍烏賊醬汁和朝鮮薊來為槍烏賊提味，因為正當季。我們也加了大量的蒜，因為我們想用和百里香及少量的鮮奶油之間取得平衡。因此，我們改良了傳統醬汁。

從你推出這道菜開始就已經改變了嗎？

配菜改變了，因為現在我們是用小的朝鮮薊製作，但過去使用的是較大的朝鮮薊。

像這樣的菜，我們在生活中不會常做！

對，我們不會常做……某幾年，就像去年，我們就很少做。我有時會稍微暫停做這道菜，以免感到厭倦，但我還是不停驅使自己創作。

這道菜很快就獲得顧客的認同嗎？

是的，立刻。我自己也是，當我送出這道菜，我就知道這會是出色的料理。

熱沾醬槍烏賊
Le calamar bagna cauda

食材

槍烏賊

1.5公斤的槍烏賊1隻
特級初榨橄欖油50毫升
檸檬1/2顆
檸檬百里香12小片
鹽之花1大匙

朝鮮薊泥

漂亮的布列塔尼朝鮮薊4顆
特級初榨橄欖油1大匙
月桂葉1片
百里香1枝

油煎朝鮮薊Artichaut poêlé

帶刺的朝鮮薊2顆
（每公升的水）抗壞血酸[1]
3克
橄欖油1大匙
百里香1枝
大蒜1瓣
鹽1撮

4

人份

槍烏賊

將槍烏賊從中央打開，取下觸手和內臟。去掉內外2層皮。擺在盤上冷凍，內面朝上。將冷凍後的槍烏賊切成4個14×1公分的長方形，接著切成1公釐的薄片，共需要10條。每部分的槍烏賊應為50克。

為槍烏賊表面刷上橄欖油，擺在熱的電烤盤上快烤。靜置5分鐘。移至明火烤爐下方2分鐘，進行最後的烘烤。用橄欖油、檸檬汁、鹽之花和百里香葉調味。

朝鮮薊泥

將朝鮮薊洗淨，削整後，將菜心切成薄片。在平底深鍋中加油，煮朝鮮薊薄片、月桂和百里香葉約20分鐘，直到軟化。移去百里香和月桂，用Vitamix®調理機攪打成平滑的泥。保存在滴瓶中，保溫做為上菜用。調整味道。

油煎朝鮮薊

將朝鮮薊洗淨，削整後，丟掉葉片，用水和抗壞血酸將菜心保存在碗中。切成4或6份。在平底煎鍋中用幾滴油煎至上色，並翻面讓每1面都上色。加入百里香和帶皮壓碎的蒜瓣，以及1撮的鹽。

接續92頁。

---

[1] acide ascorbique，一種維生素C，有助保持食物的新鮮。

熱沾醬槍烏賊（接續上頁）
Le calamar bagna cauda

槍烏賊沾醬 Sauce bagna cauda
橄欖油100毫升
大蒜2瓣
百里香4枝
（瀝乾的）油漬鯷魚脊肉6片
鮮奶油400毫升
馬鈴薯20克
鹽1撮

黑色脆片 Chips noires
阿勃瑞歐米（riz arborio）100克
墨魚汁1大匙
油炸用葵花油2公升
鹽

擺盤
小地榆葉24片

搭配餐酒
2013年利古里亞魯坎圖白酒（Ligurie Rucantu）－泰努塔‧塞爾瓦多斯酒莊（Tenuta Selvadolce）

槍烏賊沾醬
將油連同切半去芽的蒜瓣、百里香放入平底深鍋中。加熱至大蒜呈現金黃色，但不要燒焦。加入鯷魚，煮至開始變軟。加入鮮奶油和去皮的生馬鈴薯丁。煮至鮮奶油濃縮並帶有鯷魚的味道。用漏斗型濾器過濾。

黑色脆片
將米放入平底深鍋，用水淹過。加熱至煮沸。將鍋子加蓋，繼續極緩慢地烹煮40至1小時，直到米吸收水分。放入美善品多功能料理機 Thermomix® 中攪打。加鹽，並加入槍烏賊的墨汁，混合並再度以電動攪拌機攪打至形成結實米糊。放涼。在 Silpat® 烤墊上用刮刀將米糊鋪至3公釐的厚度。入烤箱或烘乾機以54℃烘乾8小時。切塊，放入180℃的油中油炸至米片膨脹。

擺盤
在餐盤上擺上5點朝鮮薊泥、油煎朝鮮薊、黑色脆片、小地榆葉、槍烏賊沾醬，再擺上槍烏賊。最後擺上6片小地榆葉。

•

我有時會稍微暫停做這道菜，
以免感到厭倦，
但我還是不停驅使自己創作。

•

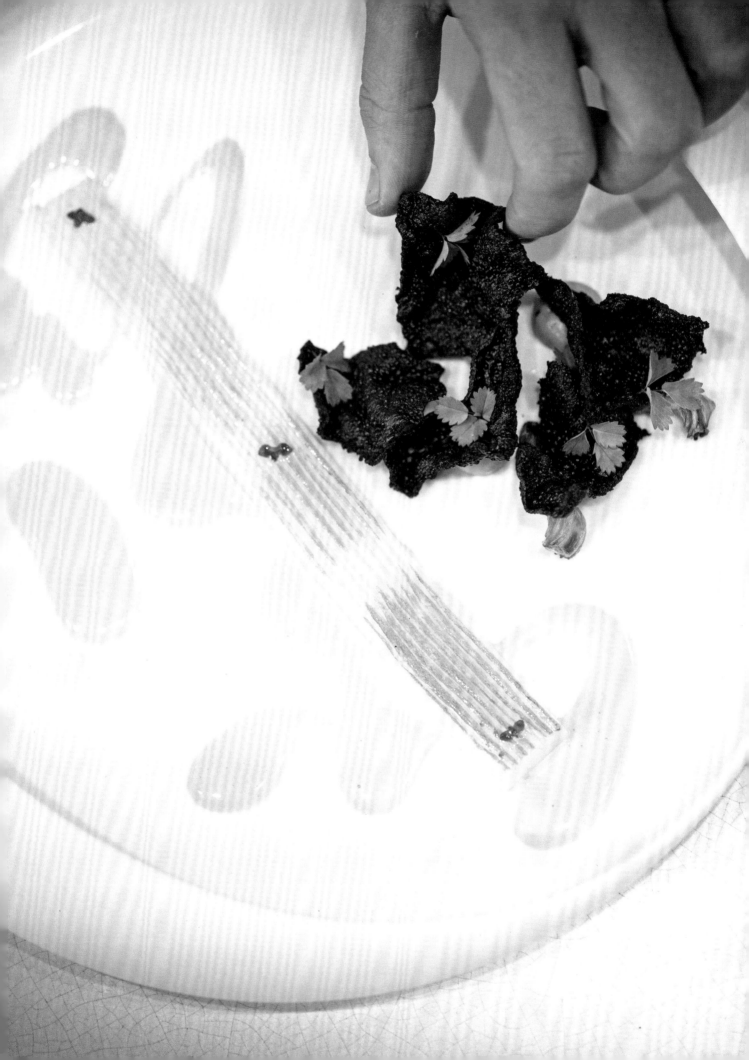

約安・康特

千變萬化的胡蘿蔔
La carotte dans tous ses états

訪談

出生日期與地點：
1974年9月15日於布雷斯特（Brest，菲尼斯泰 Finistère）

可以用3個詞來形容約安・康特嗎？

有人說我很慷慨，說我有一丁點的瘋狂、奇怪、有趣。

有點像……「丑角」！

也有人說我很勤勞，但這有點矛盾，因為我非常愛玩。

我有很長的時間都很抗拒成人世界，這是個令我害怕的世界。最後，我覺得自己就像彼得潘，因為我已經實現了我的夢想。

彼得潘！你已經實現了你的夢想，以你的年紀來說？

是的，我實現了我所有的願望：擁有漂亮的餐廳，成為知名廚師。

而接下來發生的所有事情就像是額外的獎賞！結果到了今天，最令我滿意的是我的團隊。

我想舉世足賽的例子來說明：球隊勝利的關鍵在於教練對成功的執著，過程中必須放棄某些球員，來打造一支有團隊精神的球隊。有時我寧可放棄餐廳裡的某些人，而選擇戰力沒那麼強，但比較好相處的人，可以一起在湖畔的美麗餐廳裡共享生活的片段。

你是團隊的領導人嗎？

是的，但我的領導風格略偏美式。例如，我總是在料理時聽音樂，這並不妨礙工作。服務期間，視心情而定，可以聽帕華洛帝、巴哈的樂曲，有時聽饒舌歌曲。禮拜六晚上，當我覺得團隊缺乏精神，我就會播放最新的流行歌曲，然後就不會有人再說話，大家的精神更集中。在廚房裡，團隊經常覺得必須發出聲音。當我們開始播音樂，所有人都會安靜，這真是不可思議。隊友在聽音樂時也覺得很自在……

請和我們談談約安‧康特的胡蘿蔔料理，它是何時創作出來的？

在 2010 年，但這是一道不斷演化中的作品。一開始，我沒有勇氣將它作為主菜供應，它只是一道配菜，搭配鱒魚的配菜。後來有一天，一位顧客向我表示：「這蛋白質太多了！」

你可以跟我們說說這道菜的故事嗎？

我想這道菜可以說和童年回憶有關。當你還是個孩子時，你不愛蔬菜，但我的祖母有個訣竅，她會用蔬菜搭配榛果奶油，再放上薯泥或魚，而這很美味。這就是為何我愛蔬菜！

後來，我製作了胡蘿蔔義大利餃，向我過去的廚師馬克‧維拉致敬。他製作了 3 種口味的義大利餃，擺盤是眼睛的形狀，就像「該隱的眼睛」……我喜歡想成他在看顧著我。

你也認識的一位朋友某天跟我說：「你知道為什麼你會做這道菜嗎？因為你從很小就開始吃這樣的胡蘿蔔泥！」

這對我來說就像是絕妙的啟示，因為這表示最終我們總是會回到根本，不論是生活中的料理、感情。

你知道，對我來說，生活就是一種循環，只有山不會碰面，人生何處不相逢。此外，當我們 25 年前在比亞里茨（Biarritz）相遇時，我為知名主廚迪迪埃‧烏迪爾工作，他有點像是我心靈上的父親。他讓我學到了料理的根本，他教會我如何發光，他有天才般的感知……

或許是他讓這道菜充滿魔力：某種技術性，加上大量的情感與回憶，當然也有研究的層面，但情感層面居多，我們在微酸胡蘿蔔粒中加進了雪酪，這讓我深深憶起我祖母的胡蘿蔔絲，這胡蘿蔔泥本能地將我帶回到遙遠的幼兒時期。

千變萬化的胡蘿蔔（接續上頁）
La carotte dans tous ses états

———

微酸胡蘿蔔粒 Brunoise acidulée de carotte
沙地胡蘿蔔100克
糖
白醋
粗鹽100克

香草胡蘿蔔義大利餃
Raviole de carotte aux herbes
韭蔥1公斤
無鹽農場奶油200克
香草：細香蔥、百里香、迷迭香、鼠尾草、細葉香芹、龍蒿、香菜、香蜂草、胡椒薄荷
沙地胡蘿蔔1公斤
糖粉50克
（以覆盆子泥白蘭地調味）自製或非自製的瑞可塔乳酪200克

覆盆子油醋醬 Vinaigrette framboise
葵花油30克
核桃油80克
榛果油80克
紅酒醋30克
覆盆子醋60克
鹽
糖

搭配餐酒
2013年瑞士沙莫松瓦萊葡萄酒（Vin suisse valais Chamoson）–西蒙・梅父子酒莊（Simon Maye & fils）

4

人份

香草胡蘿蔔義大利餃
用奶油煎炒軟嫩的韭蔥。將香草去梗並用刀切碎。將胡蘿蔔切成厚4公釐的條狀，小心蒸煮。在平底深鍋中，用奶油和糖粉糖漬胡蘿蔔。1層胡蘿蔔，薄薄1層嫩炒韭蔥、瑞可塔乳酪和綜合香草，持續交替組裝。最後鋪上1層胡蘿蔔。用覆盆子油醋醬和鹽之花調味。

擺盤
在餐盤中擺上淚珠狀胡蘿蔔泥。一旁擺上胡蘿蔔義大利餃、一些陀螺胡蘿蔔和幾點焦糖。最後擺上胡蘿蔔粒，表面放上雪酪。

●

或許是他讓這道菜充滿魔力：
某種技術性，
再加上大量的情感與回憶。

●

我們先看到生蠔，然後是黑色……

將生蠔放入用豬背脂煮過的黑色高湯，以 60℃快煮 2 分鐘。豬背脂和生蠔的組合效果很好：豬背脂的動物性強化了生蠔的碘味。

冷卻後的生蠔會略帶凝膠狀。我們會在表面擺上少許木薯。

而木薯是用來讓人聯想到燃油的……

就是這樣。後來，我們有一些略為糖漬的小薑塊，這不一定要強調，但這有它的故事。薑為這面提供淡淡的辣味，淡淡的甜味。它讓我們想到沙子的顏色、海洋，一切沙灘上的元素。

最後放上一片糖，因為糖搭配碘味的效果很好。糖也令人聯想到生蠔的珍珠層。

銀色粉末是收集後烘乾的烤豬背脂。在這部分，每個人都可以有自己的詮釋：可以看做是海洋的泡沫，當浪花返回時，在海岸邊留下某種泡泡。

餐盤也像海浪。

是的，餐盤像海浪，或是像將石子投入水中所激起的漣漪。

我們曾想將它去掉。我們想將它去掉，但又放了回來。我們打算改變它，為生蠔尋找完全不同的餐盤。

生蠔來自哪裡？

一樣來自諾穆蒂爾，一直都是。理想上是找到有品質，而且可以維持的生蠔養殖者。現在我們有肉質飽滿的生蠔，但一星期前，牠還有點瘦。

這道菜自2012年以來有改變過嗎？

沒有。沒有變化。而這是留在我菜單上的唯一一道菜。

一道代表性菜肴？

是的，艾瑞卡黑生蠔屬於代表性菜肴。代表性菜肴並不是什麼大不了的事，但我們發現連不愛生蠔的人都還是會想嚐這道菜。有各式各樣的人：想品嚐的人，因為是黑色而不想品嚐的人，以及懷疑論者，當他們吃了一份，還會想要再來一份。

最終還是由顧客決定……

是的，正是如此。當我們在米歇爾・蓋哈先生的厄熱涅牧場餐廳工作時，我們會製作俄式蛋沙拉（oeuf à la russe）。他著名且令人上癮的蛋沙拉底部有凝凍，還有魚子醬、香草奶油醬，並搭配麵包塊上菜。

某天，我和主廚談話，我問他這道菜供應了多久，是否想將它去掉。

他回答我：「你知道的，當一對美國夫婦穿越整個法國就為了來你的餐廳吃這道他們要求的菜，你心想他們千里迢迢而來，表示他們是真的很想吃這道菜。所以我們就會做給他們。」

菜色可以定下餐廳的基調。這就是為何對於要放進嘴裡的東西，我們總是會為某些食物保留一定的位置，這可以讓顧客安心：他們知道這些食物在哪裡。

現在，當你發布艾瑞卡黑生蠔的照片時，大家會知道它是出自哪裡。而且還不僅如此，你可以認出某個人、餐廳、廚師、地點、料理，都僅僅出自於一道菜！就是這麼神奇。

•

現在，當你發布艾瑞卡黑生蠔的照片時，
大家會知道它是出自哪裡。而且還不僅如此，
你可以認出某個人、餐廳、廚師、地點、料理，
都僅僅出自於一道菜！就是這麼神奇。

•

艾瑞卡生蠔佐豬背脂烏賊湯

Erika, huître au bouillon de lard et encornet

4

人份

食材

木薯30克

水150毫升

檸檬汁20克

生蠔湯汁40毫升

糖15克

墨魚汁10克

鹽漬豬背脂（lard de Colonnata）160克

韭蔥50克

洋蔥50克

未去內臟的新鮮墨魚汁1公斤

墨魚麵15克

生蠔4大顆

麥芽糊精[2] 30克

異麥芽酮糖醇[3] 10克

銀粉

糖漬薑20克

搭配餐酒

2018年克魯旺代封地（Fiefs-vendéens Les Clous）葡萄酒–不萊梅產區聖尼可洛酒莊蒂埃里・米尚（Thierry Michon, Domaine Saint Nicolas, Brem）

前 1 天，水煮木薯珠約 10 分鐘。加入檸檬汁和生蠔湯汁，拌勻後倒入糖和少量墨魚汁。再度加熱 10 分鐘。冷藏保存。

高湯

當天，翻炒 60 克的鹽漬豬背脂，但不要上色，加入切碎的韭蔥和洋蔥。小心地擺上挖去內臟的槍烏賊，同時小心地保存墨囊，並淋上 1.5 公升的水。以小火煮約 1 小時。加入少許墨魚麵以加深顏色。過濾並冷藏保存。

將生蠔打開，沖洗以去除碎殼。以 60 ℃的高湯煮 2 分鐘。放涼 1 小時。將剩餘的鹽漬豬背脂加熱至融化，收集 20 克融化的油脂，和麥芽糊精混合，攪拌形成泡沫狀。

用混有少許銀粉的異麥芽酮糖醇製作薄糖片。在餐盤中央擺上少許豬背脂泡沫，再擺上生蠔，加入幾顆木薯珠、乾燥並磨成粉的糖漬薑、油脂泡沫，最後再放上 1 片糖。

---

[2] maltodextrine，以各種植物性澱粉為原料製成，可提升食物的香氣和口感，是無害的天然添加物。
[3] 以蔗糖為原料生成的天然植物糖，甜度僅有蔗糖的一半，是較為健康的甜味劑。

阿諾・唐凱勒

維克多・珀蒂爐烤鎧鯊蕭邦
Le Chopin de liche grillée à l'âtre façon Victor Petit

訪談

出生日期與地點：
1977年3月29日於盧昂（Rouen，濱海塞納省 Seine-Maritime）

可以用3個詞來形容自己嗎？

重視他人、懷疑、複雜。

這道菜的創作日期是什麼時候？

是在 2019 年。這道菜的誕生來自於與某位前漁夫的相遇。2007 年，他為我帶來鎧鯊（liche），那是一種買不到的魚，因為當時沒有人會有興趣，但經常用於鮪魚罐頭中，因為這是一種會和鮪魚一起遷移的迴游魚類。他給我這條魚，並跟我說他很愛牠的味道。我完全不認識這條魚，我以烤魚的方式品嚐，而我發現它味道很濃烈、優雅，而且口感很好。因此，原本沒有人知道這條魚，而我花了一年的時候找到適當的烹調方法和貯備方式。這相當複雜。

這名漁夫無法為你供應嗎？

不行。他過去會送魚給我，但在那時候，他已經退休了。後來有道配方吸引了我的目光：普羅旺斯戰前記者維克多・珀蒂在當地第一篇美食評論中的一道菜。他對濱海的餐廳很感興趣。我很愛閱讀，經常參考書中的配方。他製作了一道烤鮪魚沙拉、醃漬番茄、烤馬鈴薯，搭配牛至（奧勒岡）、鰻魚、酒醋、橄欖油和洋蔥。他是記者，不是廚師，但這是他的菜。我發現這道沙拉具有出色的和諧感。食材之間美妙的搭配，讓人想加以延伸、掌控，同時保留它的故事。

最後，多虧和這名漁夫的相遇，以及之後的這道配方，我們才得以創造出這道菜。

你可以說是你的菜讓大家認識鎧鯊的？

是的，這道菜獲得了相當的知名度，而現在這是可以在一些菜單上找到的食材。因此，我必須跨越新的階段，讓我在這些供應這種魚的專業人士中能夠脫穎而出。最難的是要找到活締處理[4]的鎧鯊。我最後找到了，取得了更加無與倫比的食材！

那配菜有變化嗎？

有，很大的改變！一開始既沒有烤鰻魚，也沒有醋。現在我們會加入卡拉斯（Callas）專為我們餐廳製作的野生桑葚醋。這是一種以木桶釀造 4 年的酒醋，出桶後在玻璃罐中熟成，並以野生桑葚浸泡。這種非比尋常的醋徹底改變了這道菜。

這道菜有很多的元素、質地，從黃色糖漬番茄、番茄雪酪、烤鎧鯊、熱烤馬鈴薯，到搭配馬鬱蘭來提供這種微酸的桶釀醋。

有幾種不同的質地？

14 種質地和 6 種味道，構成一種風味。這種風味對我來說就像是「普魯斯特的瑪德蓮蛋糕」。

這「普魯斯特的瑪德蓮蛋糕」是什麼？

這道菜有 80% 被鰹魚天鵝絨醬汁所包覆，醬汁中還包含阿爾皮耶山（Alpilles）的野生桑葚、馬鬱蘭和奧勒岡。

這道菜還會再改良嗎？

我認為不會。它誕生後已經歷了青少年時期，現在他已進入成人世界，臻於成熟。而這是一道我們無法從菜單上移除的菜。

我試圖用別的鎧鯊做點不同的變化，但我並不滿意。我沒有堅持超過兩個月：除非發現更好的做法，否則為了改變而去改變一道菜，這一點意義也沒有。或許就鎧鯊來說，我已無法突破現狀了？

因此鎧鯊是代表性的菜肴！

我不知道這是否是代表性菜肴，但餐廳有責任供應讓顧客不虛此行的菜肴。出色料理的定義是供應菜肴，以及讓人想再光顧的情感。製作出能取悅大多數顧客的料理並不是那麼容易。我認為我們每個人都有做出獨特菜肴的能力，只是有些會讓人大喊天才，有些則是災難。讓 95% 的顧客都喜歡的菜是最複雜的。而當顧客沒有在菜單上看到鎧鯊時，他們會向我提出要求！

---

4 Ikejime，日本特殊的活魚宰殺技術。讓魚腦死、放血、破壞神經，便可保持肉質的鮮美。

維克多・珀蒂爐烤鎧鯊蕭邦

Le Chopin de liche grillée à l'âtre façon Victor Petit

10

人份

食材

野生香桃木醋鰹魚天鵝絨醬汁 Velours de bonite au vinaigre de myrte sauvage

鰹魚肚400克

蛋黃2顆

葡萄籽油500毫升

橄欖油2大匙

蔬菜高湯500毫升

香桃木醋（vinaigre de myrte）75毫升

陳年酒醋（vinaigre de vieux vin）25毫升

馬鬱蘭1至2束

鹽、胡椒

番茄雪酪 Sorbet tomate

番茄細丁200克

巴羅洛醋5克

橄欖油30克

番茄糊（concentré de tomate）5克

酸橘（sudachi）20克

香菜5克

羅勒5克

穩定劑5克

糖5克

葡萄糖15克

鹽、胡椒

半油漬鳳梨番茄果瓣 Pétales de tomates ananas semi-confites

鳳梨番茄（tomates ananas）4顆

橄欖油100毫升

柚子汁50毫升

柚子皮

馬鬱蘭葉20片

鹽、胡椒粉

野生香桃木醋鰹魚天鵝絨醬汁

用果汁機攪打鰹魚肚和蛋黃。用2種油打發至類似蛋黃醬，再加入蔬菜高湯。接著加入醋和馬鬱蘭，再放入果汁機再度攪拌。調整味道。

番茄雪酪

攪拌番茄細丁和巴羅洛醋、橄欖油、番茄糊、酸橘汁、香菜、羅勒、鹽和胡椒。浸漬2小時。將穩定劑、糖和葡萄糖加熱至融化，接著加入浸漬的油醋醬。用電動攪拌機拌勻後，用漏斗型網篩過濾。填入雪酪機，靜置凝固。

半油漬鳳梨番茄果瓣

將鳳梨番茄去皮並切成5塊。將番茄果瓣連同橄欖油、鹽和胡椒一起擺在盤中油漬。用柚子汁和柚子皮調味後，撒上幾片馬鬱蘭葉。

凝凍塊

將酒濃縮至500毫升後，加入柚子和酒醋，接著倒入切碎洋蔥中。真空烹煮混料1個晚上，接著用漏斗型濾器過濾。用植物性凝膠為備料進行澄清。趁熱倒入高4公分的方型慕斯圈中。冷藏凝固後切成邊長4公釐的小丁。

接續112頁。

迪米崔・多諾

—

我們的生態系
Notre écosystème

訪談

出生日期與地點：
1980年1月11日於埃夫勒（Évreux，厄爾 Eure）

可以用3個詞來形容自己嗎？

正直、熱情、自發性。

為何稱這道菜為「我們的生態系」？

這道菜稱為「我們的生態系」是因為我想將附近和我們餐廳合作的生產者和漁夫也加進這個循環當中。此外，我們會依當天的漁獲來變換甲殼類：比安卡蝦（crevettes Bianca）、紅色小龍蝦、龍蝦、地中海海螯蝦。我們總是會使用頭足類動物，例如墨魚來創作。一切都圍繞著清爽的檸檬義式奶酪演出，再淋上小龍蝦或蝦子清湯。

在這道菜上你做了多少選擇？

我會說選擇總是相同，也總是不同，因為講到選擇，這必定取決於漁獲和可使用的食材。以數量取得平衡：例如，如果我加入螺肉這地中海的小貝類，我就必須懂得放多少，因為牠不該搶過盤中主角：甲殼類的風采。這一切來自於廚師必須巧妙掌控的份量。

那這布里歐呢？

這有點像是享受美味的時刻，用餐時撫慰人心的時刻。在所有的料理中，我需要有某個像衛星般環繞，為菜肴提供甘甜味和圓潤度的元素。在這道菜中，我們有義式奶酪，但布里歐還可再增添圓潤度。這道布里歐的內餡有藻類、細香蔥、檸檬，我們還會在表面放上一大球卡維亞芮（KAVIARI）品牌的晶鑽（Kristal）魚子醬。

●

我們可以使用較少的油、較少的鹽、較少的糖、較少的動物性蛋白質。當後者來自海洋時，便可以漁業的永續為優先。我並非反對吃肉，但我相信只要食用得少，便可生產得少，因此對地球的傷害也可以減少。

●

這道菜的創作日期是什麼時候？

1987 年 5 月 27 日，在路易 15 的第一份菜單中可找到這道菜：黑松露燉普羅旺斯園蔬。法國料理中一直都有松露，這是法式料理的神奇調味料，它是蔬食料理，以及這道 1987 年 5 月 27 日誕生的菜肴的代表性食材。我也在名為「普羅旺斯園蔬」的全

蔬食菜單中供應這道菜。

因此蔬食並非全新的概念。

你怎麼會想在1987年製作這道菜？

當我到了一個國家或地區，我會觀察當地的食材。這裡到了春季，我有非凡的蔬菜、當地捕撈的魚、非凡的植物，就像在邀請我採集這所有的奇蹟來製作一道菜。蔚藍海岸和利古里亞的園蔬料理。而這道菜會有所變化：如果沒有豌豆，我們就會加入四季豆。這其實就像是依季節、位於普羅旺斯和利古里亞的地區和菜農而定所反映出的植物寫真。再加上經典的橄欖油、鹽之花和松露做為調味料。

目的是保留構成這道菜的每個食材的原味。根據季節和大自然所供應我們的，我們可以有 10 到 20 種蔬菜。

在某些特定的時刻，這在位於法國蔚藍海岸和義大利利古里亞之間的地區就是大自然的形象。這就是我所擁有且所知的肖像；這就是我在我身處的地方所做的事。最後，這有點符合我在世界各地使用的方法，不論我只是閒逛還是開餐廳。

海倫，別忘了，我來自沙佩爾學派，他是唯一會以食材的視角來看待料理的人。

黑松露燉普羅旺斯園蔬
Légumes des jardins de Provence mijotés à la truffe noire

食材

帶刺的朝鮮薊2顆

球莖茴香1顆

圓形櫻桃蘿蔔（petits radis ronds）8小顆

提琴櫛瓜（courgettes violons）4顆

中型帶葉蕪菁（navets fanes moyens）8顆

帶葉胡蘿蔔12小根

四季豆100克

在地扁豆100克

嫩韭蔥8根

蔥8根

中型蘆筍4根

蘿蔓萵苣1顆

嫩豌豆150克

嫩豆150克

檸檬

橄欖油70毫升

白色高湯2公升

雞肉清湯700毫升

奶油100克

壓碎松露60克

黑松露薄片4片

雪利酒醋（vinaigre de Xérès）15毫升

巴薩米克醋（vinaigre balsamique）15毫升

胡蘿蔔葉4片

鹽之花

搭配餐酒

2012年普羅旺斯-帕萊特地區西蒙古堡白酒（Provence palette Château Simone blanc）– 魯吉爾家族（Famille Rougier）

4

人份

削整朝鮮薊，但保留一定長度的梗，切半。去掉葉片。預留備用。

將茴香切成 8 塊，接著削整，小心去皮。清洗蕪菁，保留葉片。

將櫛瓜清洗後切成約 4 公分的小段。

清洗櫻桃蘿蔔和胡蘿蔔，削整並保留葉片。

將四季豆去蒂，切成 4 公分的小段。將扁豆切成 4 公分的小段。

清洗韭蔥和蔥，接著切成 20 公分的小段。

去掉蘆筍的硬皮，接著斜切成 3 公分的小段。

清洗 8 片黃色的蘿蔓萵苣葉片。

將等量 20 克的豌豆和嫩豆去殼。

烹煮

將四季豆、扁豆和韭蔥分開煮（浸入沸水中），接著以冰水冷卻。用炒鍋煮朝鮮薊，倒入白酒，淋上少許檸檬汁以保存顏色。放涼。

用炒鍋分開炒蘆筍、茴香、櫻桃蘿蔔、蕪菁、蔥、胡蘿蔔和櫛瓜。用熱好的橄欖油翻炒每種蔬菜，讓顏色固著，加鹽後淋上幾次的白色高湯並加蓋。蔬菜煮熟後，移至適當容器保存以快速冷卻。

醬汁的最後修飾與製作

將所有煮好的蔬菜放入夠大的炒鍋中，讓綠色蔬菜以外的蔬菜不會交疊。淋上雞肉清湯、白色高湯和奶油。加入生豌豆、壓碎松露和松露薄片。

以小火加熱，並記得為蔬菜淋上湯汁。

濃縮湯汁，在醬汁幾乎收乾時加入綠色蔬菜。在湯汁變得濃稠時，加入橄欖油，確認調味，接著加入雪利酒醋和巴薩米克醋。

擺盤

在大湯盤的底部擺滿蔬菜。最後為蔬菜淋上醬汁，接著加入胡蘿蔔葉和鹽之花。

松露小牛胸腺網包生蠔

L'huître en crépinette de ris de veau truffée

食材

黑松露12克（切碎的9克和每片0.5克的薄片）

菠菜葉6大片

特級生蠔9顆

小牛胸腺100克

小牛瘦肉100克

熟培根100克

燙過的碎大蒜2克

刨碎的新鮮生薑4克

蛋1顆

灰蔥頭（échalote grise）5克

豬網膜200克

鹽1克

胡椒

1個油包 =35克的餡料+燙煮過的生蠔1顆

搭配餐酒

法格堡蘇玳葡萄酒（Sauternes, Château de Fargues）– 亞歷山大‧德‧呂爾‧薩呂斯（Alexandre de Lur Saluces.）

6

人份

將松露切成極薄的 6 片薄片，保存以便在餡料之前擺在網包中央；因此，在網包煮熟時，松露薄片會變得透明。燙煮菠菜葉，用冰水冷卻後瀝乾。

將生蠔打開，去殼，在過濾過的生蠔水中煮至微滾，冷卻後瀝乾；保留 3 個生蠔做為餡料，並將另外 6 個包在每片燙煮過的菠菜葉中。

將小牛胸腺擺在冷水中 2 至 3 小時，以排出水分，接著燙煮 20 至 25 分鐘。

剝去小牛胸腺的 2 層膜和油脂，切成小丁。

將小牛瘦肉和培根切成很小的丁。混入大蒜、薑、蛋、切碎的松露、切碎並洗淨的灰蔥頭、小牛胸腺丁和 3 個磨碎的水煮生蠔。在烹煮生蠔時視含碘量加鹽和胡椒。

將烤箱預熱至 200 ℃。

沖洗豬網膜後，鋪在工作檯上。擺上 6 片松露薄片，接著是 6 堆餡料，擺上包好的生蠔，最後放上剩餘的餡料。製作網包。入烤箱以大火烤 10 至 12 分鐘。應烤至外皮金黃，內部仍保持柔軟。

椰奶清湯
Le bouillon Zézette

6

人份

食材
巴黎蘑菇400克
礦泉水400克
（蘇維濃sauvignon）不甜白酒400克
醬油50克
椰子泥300克
平葉香芹葉15克
新鮮香菜葉10克
細葉香芹葉10克
新鮮奶油100克
鹽
艾斯佩雷辣椒粉

蘑菇吐司Toasts aux champignons
蘑菇
紅蔥頭
鮮奶油
芥末醬
烤吐司

搭配餐酒
加爾橋地區餐酒（IGP Coteaux du Pont du Gard）- 蘇維濃17號 -克勞丁維涅酒莊（Domaine Claudine Vigne）2018年

清洗巴黎蘑菇並切成薄片。在夠大的平底深鍋中，將 1 塊榛果大小的奶油加熱至融化，加入蘑菇，撒上少許鹽，煮至出汁幾分鐘。加入白酒。煮沸後，將湯汁收乾 1/4。加入礦泉水和醬油，加蓋，以小火慢燉約 10 分鐘。加入椰子泥，再煮 15 分鐘。過濾形成的高湯，一邊按壓蘑菇，以盡可能萃取最多的湯汁（保留蘑菇）。

將煮沸的湯汁放入電動攪拌機中。加入新鮮香草，以及剩餘的奶油（預先切成小塊的冰涼奶油），以高速攪打。用鹽調整味道，並加入少許辣椒。搭配一些義式麵疙瘩、蘑菇餃或蔬菜上菜。

使用烹煮蘑菇餡料的訣竅：將蘑菇切成細碎，用新鮮奶油油煎，並加入少許切碎的紅蔥頭、少許鮮奶油、少量芥末醬。移至適當容器中放涼，之後可將這餡料抹在吐司上。可用來搭配椰奶清湯。

•

當你在念「椰奶清湯」（澤澤特）時，人們會發笑。
而我非常相信語言的力量：語言讓事物得到重視，
它們表達出我們想要給予人們的關注。

•

普雷尼刺苞菜薊佐陳年博福特乳酪和黃酒醬汁

Les cardons de Pregny au vieux beaufort et sauce au vin jaune

———

食材

刺苞菜薊

刺苞菜薊心400克

去皮雞胸肉100克

鮮奶油150克

蛋白40克

奶油60克

紅蔥頭1顆

陳年博福特乳酪（vieux beaufort）薄片4片

鹽

碎胡椒粒

黃酒醬 Sauce au vin jaune

胡蘿蔔100克

巴黎蘑菇50克

奶油60克

黃酒200毫升

鮮奶油200克

鹽、胡椒

搭配餐酒

2014年汝拉海岸黃酒（Côtes-du-jura）－尚麥克酒莊（Domaine Jean Macle）

4

人份

刺苞菜薊

將刺苞菜薊心去皮，用加鹽沸水燉煮，冷卻後冷藏。

製作細餡料：用電動攪拌機攪打雞肉，加入 60 克的鮮奶油和蛋白，用網篩過篩，冷藏。

將刺苞菜薊切成規則片狀，鋪在預先刷上奶油的正方形壓模（6 公分 x 6 公分）內。

將剩餘的刺苞菜薊切成細丁，用奶油翻炒，但不要上色，加入切碎的紅蔥頭。調味後倒入鮮奶油，將湯汁收乾一半，冷藏。完全冷卻後，混合刺苞菜薊和細餡料（2/3 ／ 1/3），填入壓模內。

黃酒醬

將切絲的胡蘿蔔和蘑菇用奶油以小火煮至出汁，倒入黃酒，調味，加入鮮奶油，將湯汁收乾一半，用漏斗型濾器過濾，預留備用。

烹煮與擺盤

將組裝好的刺苞菜薊放入蒸烤箱，以 80 ℃烤 8 分鐘；加熱醬汁。

將刺苞菜薊擺在波浪狀的餐盤中央，加上 1 片博福特乳酪，放在明火烤爐下快烤，淋上醬汁，趁熱品嚐。

亞歷山大・高堤耶

———

沼澤泡沫
La Bulle du marais

訪談

出生日期與地點：
1979年3月26日於濱海布洛涅（Boulogne-sur-Mer，加萊海峽Pas-de-Calais）

可以用3個詞來形容亞歷山大・高堤耶嗎？

有規劃、活潑和料理。我會用兩個詞來定義我的料理：活潑和嬌弱，但不是脆弱的那種，而是不容易觸碰，必須小心翼翼接近的細緻感。

酸模氣泡的創作日期是什麼時候？

2006年冬天。

這道菜的創意發想的過程是如何進行的？

我想做甜酸模冰淇淋。那時的酸模總是搭配鹹味料理供應。我想運用它的酸味和清新感，有點像是利用大黃那樣。

第一個版本最終只是擺在野生和種植酸模葉沙拉上的酸模冰淇淋。我們製作了糖泡，並在顧客面前

才放在餐盤上。概念是服務期間對擺盤的極度講究，所以我們讓糖泡落在香草沙拉上，讓糖泡可以在顧客面前爆開，因為我想模仿「抽象畫」。

抽象畫是2012年逝世的偉大畫家喬治・馬修（Georges Mathieu）創造的畫風。

那你是受到這名藝術家的啟發？

是的，他帶給我大量的靈感，因為我個人和他非常親近，而且我很喜歡他所做的。當這糖泡落下時，場面瞬間由失重所掌控，糖泡碎裂成大小的碎塊。這真的很美，因為冰淇淋是冷的，搭配綠色的葉片，形成確實很美麗的景象。

此外，如果我想在廚房裡製作碎裂的假象，我便無法成功創造出如此美麗的餐盤。失重本身就是一種擺盤：不是我們進行擺盤的，而是失重。最後，靈感隨著打破某個東西的概念來到餐盤中。

沼澤泡沫
La Bulle du marais

8

人份

食材

異麥芽酮糖醇（巴糖醇，isomalt）250克
礦泉水25克
氯化鈣

薄荷雪酪Sorbet menthe
水400毫升
砂糖400克
Perrier®沛綠雅氣泡礦泉水300毫升
蛋白90克
檸檬汁2顆
薄荷1束

酸模冰淇淋Glace à l'oseille
水900克
砂糖225克
轉化糖100克
冰淇淋用穩定劑12克
鮮乳酪（fromage blanc）750克
酸模（oseille）400克

義式奶酪
農場鮮奶油375克
砂糖60克
吉利丁2片

皇家糖霜Glace royale
蛋白30克
糖粉150克

酸模牛乳Lait d'oseille
酸模1束
牛乳50毫升
橄欖油

擺盤
香草（酢漿草、聚合草consoude、水薄荷、金錢薄荷、野生薄荷、胡椒薄荷、香蜂草、繁縷）
白花野芝麻（lamier blanc）和直立婆婆納（véronique montante）的葉子和花、幾片酢漿草葉

搭配餐酒
用沼澤蜂蜜製作的蜂蜜酒（Hydromel）

在平底深鍋中煮異麥芽酮糖醇和 25 克的水。
在混料達 185 ℃時停止烹煮，倒入半球形的矽膠模中。放涼後，入烤箱以 80 ℃烤至糖軟化並攪拌。用吹糖幫浦製作糖泡。將氯化鈣倒入蛋糕紙杯底，在每個蛋糕紙杯中保存 1 個糖泡泡。

薄荷雪酪
將 400 毫升的礦泉水和 400 克的糖煮沸。
將糖漿放涼後再加入 Perrier® 沛綠雅氣泡礦泉水、稍微打散的蛋白，以及檸檬汁。倒入 Pacojet® 冷凍機的碗中，將整束的薄荷葉鋪在碗中，並去掉一些較大的枝條。提前冷凍並放入 Pacojet® 冷凍機中攪拌，以免雪酪過軟，並冷凍保存。

酸模冰淇淋
製作酸模冰淇淋，將水、225 克的糖和轉化糖煮沸。一邊攪打，一邊灑上混有少許糖的穩定劑。再度煮沸，接著放涼，混入鮮乳酪，一邊攪打。倒入 Pacojet® 冷凍機的碗中，冷凍。脫模，將鮮乳酪冰淇淋切成大塊，和酸模葉交替放入 Pacojet® 冷凍機的碗中。再度冷凍，用 Pacojet® 冷凍機攪拌 2 至 3 次，每次都重新冷凍。

義式奶酪
加熱部分的鮮奶油和糖，讓吉利丁片融化。加入剩餘的鮮奶油，冷藏凝固。

皇家糖霜 Glace royale
攪拌蛋白和糖粉，接著填入裝有 2 號花嘴的擠花袋中。

酸模牛乳
用電動攪拌機攪打 1 把的酸模和牛乳，用漏斗型濾器過濾，保存在滴瓶中。

組裝
用皇家糖霜製作有機形狀，接著填入酸模牛乳。在這有機形狀的中央擺上 1 匙的義式奶酪。為糖泡填入 1 匙的義式奶酪，接著是 1 球的薄荷雪酪，最後是 1 球的酸模冰淇淋。將糖泡倒置在義式奶酪上，淋上少許橄欖油。撒上野生的新鮮香草。

你是在哪一年去中國旅行的？

1978 年，我們在那裡待了三星期。

本書的宗旨是從一道代表性菜肴來介紹廚師，就像我們在談論一名藝術家時，也會同時想到他具有特色的作品。有時，當我問一名廚師他的代表性菜肴是什麼，他會難以抉擇。那你呢？

我餐廳裡真正的代表性菜肴是用食用傘菌和蘆筍羊肚菌製作的鬆軟枕頭。為了讓故事更完整，因此我是在看到工地裡的工人後開始構思這道菜。

當時我還在找方法來呈現這道菜，某天，演員里諾 范杜拉（Lino Ventura）現身厄熱涅牧場。就在此時，我突然間想要用餃子的形式來呈現。我做給他品嚐，而他非常喜歡！我的菜就此誕生。最後，這些菜有了可以敘述的故事，這很有趣。

你是何時創作這道菜的？

1979 年。

從那之後，這道配方有大幅變化嗎？

沒有。挑戰來自於要找到適當的蘑菇，讓我們能夠長期保持美味的蘑菇。

顧客會特地為了這道料理而再度上門嗎？

是的，顧客很常點這道菜。然後我會以套餐的方式來供應。

我發現在餐廳裡，顧客經常會詢問廚師的拿手菜是什麼。他們喜歡受到指引……

這是當然！即使廚師並沒有拿手菜……

食用傘菌蘆筍羊肚菌鬆軟枕頭是 1 道味道非常強烈，而且極具表現力的菜，因此它可以取悅大眾。

從這個角度看來，這或許和我剛打造出的菜完全相反，我剛開始創作一道會讓我想到馬約爾花園（jardin de Majorelle），以及柑橘類水果、玫瑰的湯品。我在這道湯中放入一塊以大火爐烤的肥肝，以及烤海螯蝦。在這道湯中有 2 至 3 種蔬菜，以及桃子塊。形成既質樸又優雅的料理。

你會如何形成這道食用傘菌蘆筍羊肚菌鬆軟枕頭？

蘑菇讓它成為一種採集料理。透過土地在某些特定時刻的供給，料理變得極具表現力！

食用傘菌蘆筍羊肚菌鬆軟枕頭

L'oreiller moelleux de mousserons et de morilles aux asperges

———

食材

奶油醬汁Sauce crème
乾燥羊肚菌20克
家禽高湯400毫升
奶油20克
新鮮（非當季可使用冷凍）
食用傘菌250克
諾麗香艾酒200毫升
半脫脂牛乳100毫升
液態法式酸奶油（crème
fraîche liquide）500毫升
諾麗香艾酒1大匙
松露汁3大匙
松露油1小匙
醬油1小匙
鹽、胡椒

炒蘑菇粒
去皮切碎紅蔥頭2大匙
奶油15克
不甜白酒40毫升
諾麗香艾酒2大匙
液態法式酸奶油100毫升
當日結實的巴黎蘑菇500克

4

人份

奶油醬汁

將羊肚菌泡水，視大小而定切成 2 或 4 塊，用冷水沖洗 3 至 4 次。以 200 毫升的家禽高湯和 10 克的奶油燉煮。

將食用傘菌去蒂，以冷水沖洗 3 至 4 次，用煮羊肚菌的方式燉煮。保留 2 種菇類的烹煮湯汁，分別以小滾方式濃縮至形成糖漿狀。

接著將諾麗香艾酒濃縮至形成 20 毫升的液體。

在平底深鍋中將牛乳、酸奶油和濃縮的諾麗香艾酒煮沸。加入食用傘菌湯汁的烹煮濃縮液、食用傘菌，以及煮熟的羊肚菌。一起以小火慢燉，小滾 10 幾分鐘。在烹煮的最後混入 1 大匙的諾麗香艾酒、松露汁、松露油和醬油。如有需要可調整味道；依最終追求的風味而定，也能在上述混料中加入羊肚菌的烹煮湯汁。

炒蘑菇粒

在大型的平底深鍋中，將紅蔥頭和 15 克的奶油煮至出汁。加入白酒和諾麗香艾酒。將湯汁濃縮至形成濕潤的糊狀物。倒入液態法式酸奶油並混入用刀或絞肉機切碎的巴黎蘑菇。將蘑菇粒盡可能炒乾。放在碗中，將保鮮膜貼在炒蘑菇粒表面，冷藏至使用的時刻。

接續 156 頁。

食用傘菌蘆筍羊肚菌鬆軟枕頭（接續上頁）

L'oreiller moelleux de mousserons et de morilles aux asperges

---

枕頭的組裝

在亞洲食品雜貨店購買的中式水餃皮8個

炒蘑菇粒100克

蛋黃1顆（蛋液）

熟羊肚菌4塊（從羊肚菌的烹煮中提取）

從預先以加鹽沸水燉煮的蘆筍根部提取的斜切蘆筍4根

配菜

新鮮小雞油菌50克

綠蘆筍8根

松露薄片4片

漂亮的細葉香芹4株

奶油

搭配餐酒

2014年巴亨男爵圖桑不甜白酒（Tursan blanc sec Baron de Bachen）– 克莉絲汀和米歇爾‧蓋哈與女兒們（Christine & Michel Guérard, et Filles）

枕頭的組裝

在工作檯上將 1 張餃子皮攤開，在中央擺上 25 克的炒蘑菇粒、2 根以加鹽沸水燉煮的斜切蘆筍，以及 1 塊熟的羊肚菌。

在餃子皮周圍刷上少許蛋液，並在第 1 張餃子皮上蓋上第 2 張餃子皮。將刷上蛋黃處密合，同時注意不要有氣泡，用正方形壓模裁切枕頭。放入 1 鍋加鹽的沸水中煮 3 分鐘；放涼後用壓模裁切，以去除多餘的麵皮。

配菜

清洗雞油菌。用削皮刀為綠蘆筍去皮，（用加了大量鹽的水）煮蘆筍頭。

用冰水冰鎮。保留蘆筍頭，將尾頭斜切成 0.5 公分的厚度。

擺盤

用庫斯庫斯蒸鍋（couscoussier）加熱餃子，以少許橄欖油和少許奶油快速油煎雞油菌，然後調味。

在小型平底深鍋中以小火加熱奶油醬汁的配菜。

在每個湯盤中央擺上枕頭餃，周圍放上食用傘菌和部分羊肚菌奶油醬汁，加入已用加鹽熱水加熱並仔細瀝乾的蘆筍頭。接著擺上用電動攪拌機攪打至乳化的 50 毫升奶油醬汁。在表面擺上炒雞油菌、松露薄片和小株的細葉香芹。立即享用。

馬克・賀伯林

———

碳燒松露
La truffe sous la cendre

訪談

出生日期與地點：
1954年11月28日於科爾馬（Colmar，上萊茵 Haut-Rhin）

可以用3個詞來形容自己嗎？

　　熱愛料理、食材，尤其是我的餐廳。

一間創立於1878年的家族餐廳。曾有幾代的人住在那裡？

　　餐廳一直都存於我的家族當中。過去，我的祖父母經營一間簡樸的鄉村旅館：綠樹（L'Arbre vert），由女性負責掌廚。一開始是我的曾祖母，後來是我的祖母，因為男性負責農業和畜牧。

那第一位男性進入廚房是在哪一年？

　　我的父親在 1949 年進入廚房。最後，由於旅館在 1949 至 1950 年的戰爭期間被摧毀，同一地點有間小木屋，我的父親在那裡建立了一間小酒館。1950 年，他們重新開張，而我的叔叔將餐廳重新命名為伊亞旅館。我叔叔和我父親在巴黎實習過，我叔叔是在佩里戈燒烤餐館（Rôtisserie périgourdine）的餐廳裡實習。我父親這道碳燒松露配方的靈感也是由此而來，因為這是搭配各種肉類供應的配菜精神，有點像是馬鈴薯的感覺。

———
158

碳燒松露
La truffe sous la cendre

———

食材
每顆30克的新鮮漂亮松露4顆
半熟肥肝薄片4片
油酥塔皮（pâte brisée）200克
上色用蛋黃1顆

250克的餡料
豬頸肉100克
家禽肉100克
肥鵝肝50克
蛋黃1顆
香料鹽

搭配餐酒
2000年聖愛美濃1級
（Saint-émilion 1er grand cru）老托特酒莊
（Château Trottevieille）
葡萄酒–老托特酒莊

4

人份

將松露刷洗乾淨。

製作餡料，用細網過濾豬肉、家禽肉和鵝肝。攪拌蛋黃和香料鹽。用肥肝片將松露包起，再鋪上薄薄1層餡料。

將油酥塔皮擀薄，切成直徑16公分的圓形塔皮，擺上松露，用塔皮完全包起。滾成球狀。刷上蛋液。放入180℃的油炸鍋油炸10分鐘，或是用鋁箔紙包起，放入熱灰中。用佩里格醬搭配松露。

•

我父親14歲時當學徒的廚師
曾是聖彼得堡沙皇宮廷中最後一批廚師之一。

•

清脆蔬菜園（接續上頁）
Jardin de légumes croquants

———

檸檬乳化醬汁Émulsion citron
黃檸檬2顆
水100毫升
糖5克
大豆卵磷脂5克

橄欖醬 Sauce olive
去核黑橄欖50克
酸豆（câpres）10克
橄欖油15克
水0.5克
大蒜1瓣

最後修飾
煙燻鮭魚80克
香菜花4朵
芝麻菜花4朵
捲葉芥菜花4朵
琉璃苣（bourrache）花4朵
京都水菜芽（pousses de mizuna）4株
蕪菁芽4株
韭蔥芽4株
羅勒油20克

搭配餐酒
2016年城堡山特級葡萄園阿爾薩斯麗絲玲白酒（Alsace riesling Grand Cru Schlossberg）— 溫巴赫酒莊（Domaine Weinbach）
我因白花香和細緻的果香而選擇這種葡萄酒。

橄欖醬
用電動攪拌機攪拌材料 5 分鐘，直到形成均勻果泥。

最後修飾與擺盤
在湯盤中倒入橄欖醬，擺上 1 塊用鹽之花和少許橄欖油調味的煙燻鮭魚。鋪上發泡芝麻菜醬，接著是蔬菜，從最大的蔬菜開始，最後鋪上薄片。最後放上花和芽菜。在底部倒入少許的羅勒油，倒入檸檬乳化醬汁。

●

最終，像許多法國料理的菜肴一樣，它屬於一種藝術形式。

●

阿諾·拉雷曼

———

向我父親致敬的龍蝦
Homard hommage à mon papa

訪談

出生日期與地點：
1974年6月28日於蘭斯（Reims，馬恩 Marne）

可以用3個詞來形容阿諾·拉雷曼嗎？

　　熱情、慷慨且感情洋溢。熱情，因為我所接觸的一切，我都會滿懷熱情去做。我熱衷於吃，包括製作食物、談論食材，對職人、養殖業者、採集者、漁夫、菜農、葡萄酒都滿懷熱情，因為身為香檳區的居民，葡萄令我狂熱。慷慨，因為對於進入香檳餐盤餐廳的所有賓客，我想盡可能分享所有事物。我們總是對於將放入品嚐菜單上的菜餚數量慷慨，對餐盤裡的內容物也應該慨，而且充滿感情，就像生活一樣。生活的情感很重要，讓我們得以重新改良我們的料理。

你這道龍蝦料理的創作日期是什麼時候？

　　1978 年。這道菜不在我父親的菜單上。那時他將龍蝦和大顆馬鈴薯一起放入燉鍋燉煮，而且只在家中製作。龍蝦會連殼一起切塊，我父親每個聖誕夜都會為我們做這道菜。這是我父母唯一不用工作的夜晚，而他會為我們煮龍蝦燉菜做為聖誕大餐。我父親在 2002 年逝世，幾年後，在 2010 年時，我想將他的料理之一放回菜單上，我便想到了這道菜。

那這道菜的創意發想過程是基於童年的回憶？

　　正是如此。那我們再回到我剛剛說的。

　　熱情：我父親是個熱情的人，而我也是。

　　慷慨，因為他在聖誕夜為我們做了有滿滿龍蝦的燉菜。我們全家一起享用。

　　而感情洋溢，因為這道菜有對我而言很重要的家族史，它來自我父親。

向我父親致敬的龍蝦
（接續上頁）
Homard hommage à mon papa

——

馬鈴薯圓餅 Ronds de pomme de terre
馬鈴薯200克
龍蝦醬100克

馬鈴薯舒芙蕾 Pommes soufflées
賓傑（bintje）馬鈴薯6顆
整鍋的葵花油

香檳醋濃縮液 Réduction de vinaigre de champagne
香檳醋100克

擺盤
旱金蓮（capucine）葉 3片
切碎鼠尾草

搭配餐酒
庫克粉紅香檳
（Champagne Krug Rosé）– 庫克（Krug）

馬鈴薯舒芙蕾
將馬鈴薯切成厚 3 公分的片狀，接著切成 6 公分長的橢圓形，寬 4 公分。以 135℃的葵花油燙煮 5 分鐘，不斷淋上油，接著以 180℃煮 1 分鐘。加鹽。

香檳醋濃縮液
加熱醋並濃縮至如糖漿般的濃稠度。

旱金蓮
將葉片切成 2、3 和 4 公分的 4 個圓。

擺盤
在每個餐盤的左邊擺上 3 片糖漬馬鈴薯圓餅。鋪上少許的切碎龍蝦、發泡甜椒醬和切碎的鼠尾草。為每片圓餅蓋上另 1 片圓餅，形成 3 個餃子。在餐盤右邊淋上少許的醋濃縮液。擺上半尾龍蝦。在旁邊直立 1 隻螯。最後擺上 3 片旱金蓮圓片和 3 顆馬鈴薯舒芙蕾。在餐桌上供應龍蝦醬。

•

醬汁屬於法式料理的 **DNA**。
對我來說，醬汁可形成連結，
造成菜肴的偉大。

•

———

克利斯蒂安・勒斯克爾

——

河陸美味
Saveur Terre et Rivière

訪談

出生日期與地點：
1962年9月30日於普盧伊內克（Plouhinec，莫爾比昂Morbihan）

可以用3個詞來形容你自己嗎？

不滿足，我永遠也不滿足。

我害怕自己無法再創造。

我是個和我的團隊非常親近的人。後來，我一直進行著烹飪的活動，我是味道的創作者，就像調香師、時尚設計師……

你這麼說是因為你的妻子在香奈兒工作？

不，我一直都有點像是這樣。當我開始做料理時，那時我是助廚，她已經在香奈兒工作了。我喜歡精品，我不怕這麼說。我飯店裡的精品可能是非常簡單的產品，但會結合非比尋常的味道，有點像是我們用甜菜打造的這道菜。

你是何時創作這道菜的？請告訴我們這道菜的創意發想過程，它的演變……

這道菜是在 2000 年創作的，在一名年輕助廚的協助下。我對鰻魚的認識不深，因為巴黎很少人會製作鰻魚料理。

而我是大海的男人，我不認識這些煙燻魚，這些油脂略高的鰻魚，但我有個來自索姆（Somme）的助廚，他讓我嚐到了煙燻鰻魚，結果我立刻愛上，我非常喜愛牠帶有土味、海味和少許的淤泥。

所以我最後用甜菜來處理。

當時，我充滿香奈兒的精神，我受到香奈兒加工包的啟發來製作極為時髦的擺盤。我們也開始在我們的餐廳裡尋找長方形或正方形的餐盤。20 年前，餐桌的一切藝術都正在改變……

河陸美味
Saveur Terre et Rivière

10

人份

食材
煙燻鰻魚250克

檸檬辣根奶油醬 Crème citron-raifort
液態鮮奶油300克
黃檸檬皮1顆
檸檬汁30克
新鮮辣根
鹽、胡椒

甜菜噴霧 Bombe betterave
甜菜汁400克
陳年酒醋30克
液態鮮奶油70克
吉利丁4片
鹽5克

辣根奶油醬
白脫牛乳（lait ribot）150克
液態鮮奶油50克
新鮮辣根
三仙膠5克

甜菜圓花飾 Rosace betterave
甜菜4大顆
松露油醋醬100毫升
濃縮巴薩米克醋

甜菜細丁 Brunoise de betterave
甜菜100克
細香蔥1/2束
紅蔥頭1顆
松露油醋醬

鰻魚粉 Poudre d'anguille
鰻魚碎屑

最後修飾
新鮮辣根
胡椒

搭配餐酒
2009年索米爾香比尼
（Saumur-champigny）–
羅傑酒莊（Clos Rougeard）

煙燻鰻魚 Anguille fumée
將鰻魚脊肉取下並去骨，接著切成小丁。

檸檬辣根奶油醬 Crème citron-raifort
將鮮奶油和刨碎的檸檬皮加熱至 70 ℃。將溫度降至 60 ℃後加入檸檬汁。加入辣根，調味後過濾。

甜菜噴霧 Bombe betterave
用醋溶解鹽，加入甜菜汁。加熱鮮奶油，加入吉利丁，讓吉利丁溶解，拌勻。凝固成冰。填入奶油槍中，並裝上 2 顆氣彈。冷藏保存。

辣根奶油醬 Crème raifort
將辣根浸泡在牛乳和鮮奶油的混料中。用三仙膠進行澄清，接著過濾並排氣。

甜菜圓花飾 Rosace betterave
將真空甜菜、水和鹽一起放入 95 ℃的蒸烤箱中烤約 2 小時。先用切片機，再用壓模，將甜菜切成厚 3 公釐的片狀。

甜菜細丁 Brunoise de betterave
將甜菜切成細丁。將細香蔥和紅蔥頭切碎，用松露油醋醬全部拌勻。

鰻魚粉 Poudre d'anguille
將鰻魚碎屑乾燥，用電動攪拌機打成粉。如有需要可再度乾燥。

最後修飾
用檸檬辣根奶油醬為鰻魚碎丁調味。加入新鮮辣根，以及用研磨罐研磨 1 圈的胡椒粉。用甜菜薄片、松露油醋醬和濃縮的巴薩米克醋調味。

擺盤
將鰻魚排成圓形，接著用 6 片甜菜薄片排成圓花飾，擺上甜菜碎丁，用奶油槍噴上噴霧，並在表面撒上鰻魚粉。用辣根奶油醬製作 3 種不同形狀的 6 個點。

派翠克‧伯特隆
眼中的貝爾納‧盧瓦索

香芹蒜泥蛙腿
Les jambonnettes de grenouilles
à la purée d'ail et au jus de persil

出生日期與地點:
1962年1月22日於雷恩(Rennes,伊爾-維萊訥 Ille-et-Vilaine)

你是何時來到貝爾納‧盧瓦索的餐廳?

　　我是 1982 年 3 月 15 日來到黃金海岸(La Côte d'or)這裡。那時我才剛滿 20 歲。我剛服完兵役,回應了一則招聘啟事。

那麼在1990年,當貝爾納‧盧瓦索讓我品嚐他的蛙腿和海膽時,你已經在這裡了!

　　是的,我在這裡。而我記得很清楚這道配方的起源!主廚想要美味版本的蛙腿。不得不說,當時在露天咖啡座的蛙腿料理是非常美妙的,但要在餐廳供應卻過度油膩!

這道菜的創作日期是什麼時候?

　　1984 年。

香芹蒜泥蛙腿
Les jambonnettes de grenouilles
à la purée d'ail et au jus de persil

食材

蒜泥（用400克大蒜製作）
牛乳（非必要）
香芹汁（以200克的香芹
製作）
小青蛙4打
麵粉
烹煮用油
奶油50克
鹽、胡椒

搭配餐酒

2014年維哲雷斯一級薩
維尼村紅酒（Savigny-
lesbeaune 1er cru Les
Vergelesses）－安德烈・
弗朗索瓦酒莊（Domaine
Françoise André）

4

人份

蒜泥

用掌心將蒜頭壓碎，並將蒜瓣分開。將這些蒜瓣泡在 1 鍋冷水中，煮沸 2 分鐘。用漏勺撈
起。重複同樣的程序 4 次，每次都換水。將蒜瓣剝皮，切半，用小刀去除位於中央的蒜芽。
將去皮大蒜放入裝滿冷水的平底深鍋，煮沸 2 分鐘。重複同樣的程序 4 次，每次都換水。
沖洗大蒜，瀝乾。用電動攪拌機攪打成泥。如果蒜泥不夠平滑，請加入極少量的牛乳，再
度用電動攪拌機攪拌。

香芹汁 Jus de persil

清洗香芹並瀝乾。以加鹽沸水煮 4 至 5 分鐘，接著用冷水冰鎮。用濾器瀝乾，接著用果汁
機攪打成泥。以少量水稀釋，形成庫利（coulis，稀果醬）般質地。預留備用。

青蛙

切去蛙腿末端；去除每隻腿下方的 2 條肌肉，只保留上部肌肉。為青蛙加鹽和胡椒。裹上
麵粉。在盤上準備 4 張交疊的吸水紙。

烹煮

分別在 2 個小型平底深鍋中以小火加熱蒜泥和香芹汁。在平底煎鍋中，以大火加熱 1 大匙
的油，接著是奶油。在充分起泡時，開始煮青蛙。以大火煎 1 分鐘至上色，翻面，轉為中火，
依青蛙體型而定，再煎 2 至 3 分鐘。瀝乾。將青蛙擺在吸水紙上。

最後修飾

在餐盤底部淋上香芹汁，在中央擺上 1 匙的蒜泥。在周圍擺上蛙腿。

愛德華・盧貝

——

歐百里香羊排
Le carré d'agneau au serpolet

出生日期與地點：
1970年9月25日在蔥仁谷（Val-Thorens）和穆堤耶（Moûtiers）（薩瓦）之間的車上

可以用3個詞來形容愛德華・盧貝嗎？

嚴謹、不有趣、要求高。我們說的是廚師，對吧！

好吧，這麼說會讓人不想在你的餐廳工作……

我無法半途而廢。當我在玩樂時，我就認真玩樂；當我在工作時，我就認真工作。而身為廚師就是這樣。後來，有人說我的料理：年輕、自然、狂妄、慷慨。

這道菜的創作日期是什麼時候？

這道菜是在……西元 1000 年時創造出來的，因為在我之前大家都在做小羊排！

謙虛……你忘記說了！

或許是吧。當然，還是一樣！這屠宰肉品的歷史早在我之前。這肉塊的名稱正如它的切法：小羊排。這是巴黎的切法，8 根肋骨，而非 9 或 12 根。小羊排不包含腰子部分。所有最知名的經典料理主廚都做過小羊排。就我而言，我在馬克・維拉的餐廳和當時的副主廚艾曼紐・雷諾學會了探索和掌控，他那時是帶領我的廚師，而且成為了我的朋友。我們的挑戰是：誰能最快剔除骨頭！

在我們做這項工作時，我們不是廚師，而是屠夫。對還不習慣的新手來說，這需要 3 至 4 分鐘，而當像我們一樣，年復一年，日復一日地做，我們可以1 分半完成。

海倫，從基本而言，我是有 CAP 職業能力證書的屠夫！

噢？所以是先從基本工作開始！

實習時，我在位於尚貝里的夏蓋先生的餐廳裡進行屠宰的工作。而和我父母一起工作時，我們是餐飲業者兼屠夫兼熟食店老闆，因此每個周末如果我沒有參加滑雪比賽的話，為雞肉綁線，或是為牛排去骨就是我的懲罰。

歐百里香羊排
Le carré d'agneau au serpolet

食材

6至8根的西斯特龍
（Sisteron）小羊排3塊

五花肉100克

蔬菜高湯500克

歐百里香或綠百里香1束

無酵母麵團（pâte
morte）200克

鹽、胡椒

搭配餐酒

2017年拉坎諾莊園
紅酒（Château la
Canorgue）

6

人份

請你的肉販將小羔羊排處理乾淨，讓肋骨掛在脊肉上，讓餐廳老闆娘在切割時可以輕鬆拿著骨頭。

將五花肉煮至出汁。煎羊排約 4 至 5 分鐘，加鹽和胡椒。將羊排取出，去掉炒鍋的油，將五花肉取出，為五花肉淋上 500 克的蔬菜高湯，並將湯汁收乾約 1/4。

將羊排放入鑄鐵燉鍋中，埋在 1 大束的歐百里香或綠百里香之中，並將切成小丁的五花肉撒在羊排上，以便為肉供給養分。

將無酵母麵團揉成 1 長條，擺在燉鍋邊上，形成密閉空間。

放入極熱的烤箱（250 ℃）烤 10 分鐘。過濾烹煮湯汁，調整味道。切羊排前一定要在訪客面前將燉鍋打開。這是非常容易製作且香氣濃郁的配方。

西斯特牧草酥皮小羊里肌佐狼鱸香料、牛肝菌馬鈴薯泥

en croûte de foin de cistre, épices au loup, purée de pommes de terre aux cèpes

———

食材

狼鱸香料 Épices au loup

3公分的薑1塊

大蒜1瓣

杜松子20顆

柳橙皮1/2顆

鹽

馬鈴薯泥

乾燥牛肝菌50克

漂亮的賓傑（bintje）馬鈴薯5顆（約400克）

全脂液態鮮奶油150毫升

奶油60克

鹽、胡椒粉

小羊里肌

1.2公斤的小羊里肌1塊

麵包麵團300克

西斯特山乾牧草1把

麵粉少許

搭配餐酒

2016年夏特勒聖約瑟夫酒（Saint-joseph Châtelet）– 莫妮-佩雷酒莊（Domaine Monier-Perréol）

4

人份

前 1 天

狼鱸香料

將薑去皮切塊。將大蒜剝皮、去芽並切片。將薑、大蒜、杜松子、橙皮放入 50 ℃的烤箱烘乾 12 小時。在這些食材乾燥並冷卻後，全部磨成粉，接著撒鹽。保存在密封罐中。將乾燥牛肝菌放入溫水中。

料理當天

馬鈴薯泥

蒸煮帶皮馬鈴薯 40 分鐘。將馬鈴薯去皮，接著磨成泥。將泡水的牛肝菌瀝乾，收集浸泡湯汁，過濾後倒入平底深鍋中。以小火將湯汁收乾 3/4。加入液態鮮奶油，煮沸，再度以小火將湯汁收乾。將泡過水的牛肝菌切碎。在熱的平底煎鍋中，以大火翻炒牛肝菌和 20 克的奶油。將 2 大匙的上述碎泥加入濃縮的奶油醬中。將馬鈴薯肉逐量混入奶油醬中。拌勻。依個人口味加入奶油，加入少許的鹽和胡椒。

小羊里肌

將烤箱預熱至 220 ℃。在平底煎鍋中將小羊里肌的每面煎至上色，加鹽和胡椒。將麵包麵團擀開，擺上牧草，擺上小羊里肌，接著再蓋上麵皮。稍微濕潤麵皮並撒上麵粉。入烤箱烤約 20 分鐘。

擺盤

將酥皮小羊排端上桌，在賓客面前切開。搭配馬鈴薯泥和香料粉，亦可佐以當季的羊肚菌和蘆筍享用。

曼努埃・馬丁內

———

海鱸丸
La quenelle au bar de ligne

•

我會為了我的顧客和團隊走遍天涯海角。

•

訪談

出生日期與地點：
1953年9月18日於布雷里奧海濱（Blériot-Plage，加萊海峽）

可描繪你性格的三個形容詞是？

　　凡事嚴謹！然後是熱情，對於我做的一切充滿熱情。我希望人們跟我一樣嚴格，可惜的是現在這樣的嚴格被視為「我是個討厭鬼」，我感覺人們不是很喜歡跟我打交道。

　　因為我會為了我的顧客和團隊走遍天涯海角。即使我生病了，我還是在那裡，我的團隊在那裡，而顧客來吃東西，他們什麼也沒察覺到，一切都很好。

熱情是第一個詞。還缺兩個⋯⋯

　　我會將事情做到底。

海鱸丸
La quenelle au bar de ligne

————

食材

狼鱸肉200克

白吐司50克

鹽5克

艾斯佩雷辣椒粉1克

乳皮鮮奶油（crème fleurette）150克

膏狀奶油25克

搭配餐酒

2015年桑塞爾產區（Sancerre）大岸（La Grande Côte）葡萄酒– 弗朗索瓦‧科塔（Domaine François Cotat）

4

人份

用極冰涼的電動攪拌機攪打狼鱸肉、白吐司和鹽。分 2 次加入膏狀奶油，用電動攪拌機拌勻，但盡可能不要攪拌太久，加入一半的乳皮鮮奶油。用網篩過濾，將餡料放入擺在冰塊上的不鏽鋼盆中，靜置 1 小時。加入艾斯佩雷辣椒粉和另一半的乳皮鮮奶油，用抹刀攪拌。

用保鮮膜將餡料捲起，不必壓緊，用蒸烤箱烤魚丸。

•

因為人們喜歡，
他們就會談論，而且會來吃。
甚至有人說這比他們在里昂吃到的還要更美味！

•

亞歷山大‧馬齊亞

蔬菜吐司
La tartine végétale

•

這就是我稱的「簡約」：
外觀簡單，但背後的工作真的很複雜。

•

訪談

出生日期與地點：
1976年4月30日於黑角（Pointe-Noire，剛果）

可以用3個詞來形容自己嗎？

勤勉、坦率和頑強。

還有，我在廚房裡很快樂，我的腦袋和身體都需要待在廚房，這和我的智力是不可分割的。

這道菜的創作日期是什麼時候？

2009 年。我在為個人客戶服務時創造了這道菜，當時我們在日本大阪的現代藝術中心停留，而我必須要為 25 人製作晚餐，我就是在這樣的情況下創作了這道麵包片。

你的創意發想過程是如何進行的？

我的靈感來自我周圍的畫，因為有一場我愛的藝術家的展覽：傑夫‧昆斯（Jeff Koons）、瓦西里‧康丁斯基（Vassily Kandinsky）、胡安‧米羅（Joan Miró）。色彩、形狀、體積。我跟隨個人客戶到了世界各地，我因而很幸運地能夠在全世界的各個世界工作。我在日本被完全寵壞：花、草……後來，我必須要製作麵包，但麵包的成品非常乾，因此我心想：「來做蔬食麵包片好了」，這道菜就此誕生！

這道菜很驚人的是，乍看之下，我們會以為它很簡單。

這就是我稱的「簡約」：外觀簡單，但背後的工作真的很複雜。

而我喜歡的是這道菜酥脆的部分、酸味和柑橘水果。尤其是表面有孜然發酵甜椒膏和香檸檬及檸檬膏。接著在內部，我們結合鮮奶油和香料、新鮮香草，同時還有飛魚卵來增添口感，讓魚卵可以在口中爆裂，而不會黏糊糊的。而且這種麵包片使用了兩種麵包，一種是用薄荷油和艾斯佩雷辣椒粉製作的核桃麵包，另一種是用薑油製作的穀物麵包。這麵包片應是酥脆的。

顧客必須用手拿麵包片來品嚐？

是的，始終如此。有人會用湯匙吃，但我們跟他們說，這要用手拿著吃。

●

這富有生命力的部分就是這麵包片如畫般的創作面，而組裝的細緻面則會影響到味道。

●

無論如何，在42歲的年紀，能有一道像這樣已有10年歷史的代表性菜肴，這很少見……

是的，但它是經過演變的。麵包片的質地、麵包片本身、中央和表面的膏。還有一個東西會天天變化，就是撒在表面的花。使用的是當季的花。這是來自特定時刻的花，因此，每天絕對不會有同樣的麵包片。這富有生命力的部分就是這麵包片如畫般的創作面，而組裝的細緻面則會影響到味道。

至少有6個月的時間，我所有的員工都曾在某個時刻參與這麵包片的製作。這道麵包片需要極其的細心。我們必須要自我控制、控制動作。這是某種莊嚴的時刻，讓你能夠擁有進入我廚房的鑰匙。

這道菜會隨著香草的季節而變化嗎？

正是如此，基底隨時會改變，因為我們每天早上都會放進不同的花。

你如何成功找到人每天早上送花給你？

我有兩名全職的採集者，一位負責採集野生植物，另一位則是從他樸門（永耕）的花園裡進行採集。

蔬菜吐司
La tartine végétale

食材

核桃麵包40克

穀類麵包45克

薑油1/2小匙

高良薑（galanga）油1/2
小匙

卡宴（Cayenne）辣椒1撮

甜椒1/2顆

味醂100毫升

清酒100毫升

高良薑粉1撮

孜然粉1撮

糖漬香檸檬皮（糖漬至少
24個月）1顆

青檸檬和黃檸檬汁1顆

濃稠（高脂）鮮奶油
（crème épaisse）50
毫升

細香蔥1小匙

蒔蘿1小匙

香菜1小匙

香蜂草1小匙

茴香籽粉1/4小匙

亞麻籽粉1/4小匙

當季花朵與花瓣

搭配餐酒

農莊乾蘋果酒（Cidre
fermier brut）和1小匙
的氣泡水– 貝諾蘋果酒廠
（Cidrerie Benoît）

1

人份

用 2 種不同的麵包製作可傳達你情感的麵包片。加上 2 種不同的油和香料，夾在 2 張
Silpat® 品牌矽膠烤墊之間，放入烤箱以 155 ℃烘烤。

將甜椒翻面，淋上味醂和清酒，烤至水分蒸發。用電動攪拌機攪打全部材料，加入孜然，
製作成膏狀。預留備用。

用電動攪拌機攪打香檸檬和高良薑，接著預留備用。將鮮奶油、香草和所有的籽粉一起打
發。組裝麵包片，加上甜椒和香檸檬膏，接著濃縮檸檬汁並灑在麵包片上。

插上花，隨著你的品嚐在花園裡探索味道。

克里斯托夫・莫雷

——

皇家精緻海膽魚子醬
L'oursin et caviar en délicate royale

訪談

出生日期與地點：
1966年11月21日於奧爾良（Orléans，盧瓦雷 Loiret）

可以用3個詞來形容自己嗎？

法國人，因為我愛我國家的多樣性、文化、豐富性和多元混雜。接著是慷慨，無論如何，我都試著慷慨。最後是「家庭」一詞：我非常依戀「大家庭」，也就是說我的家庭、我廚房裡的家庭、我的團隊。

這道菜是何時創作的？

2014 年。

創意發想的過程是如何進行的且起因是什麼？

我在尋找一種前菜，以被稱為「茶碗蒸」的日式布丁為基礎，因為這道菜讓我留下特殊的回憶。這是一種我在日本發現的布丁，而且始終保留在我記

•

調味時，讓略為煙燻的乳化奶油醬、魚子醬的脆口、海膽的碘味和魚子醬的鹹味達到平衡……

•

憶深處。人們會用日式高湯來製作，混入蛋，並用蒸的。某天，我心想：「我們可以試著用這個來做一道真正的菜。」海膽漸漸成為必要，而且因為我來自都蘭（Touraine），我用煙燻鰻魚來製作乳化醬汁。我想製作一道適合展開一餐的料理，一道單純可讓我們開胃，而且能讓我們的味蕾保持潔淨的菜。

我認為料理就像這樣，
可惜在職業生涯裡我們做不到 10 次。
我希望能更常做這樣的料理。

那麼是前菜嗎？

是的，我想要一道既細緻又芳香的前菜，同時味道又很巧妙又不會太強烈。調味時，讓略為煙燻的乳化奶油醬、魚子醬的脆口、海膽的碘味和魚子醬的鹹味達到平衡……這道菜顯然很快就獲得成功。

而且這道菜什麼都有了，已經圓滿了！

是的，它什麼都有了。通常它應該是這樣。

我們推出這道菜，幾個月後，我說：「我們必須要改變。」我來自或許很少做出變化的餐廳，而我規定自己必須經常改變。

因此，我在幾個月後將它去掉。那時我已經有幾名常客，他們都問我：「魚子醬海膽在哪裡？」主廚，你對魚子醬海膽做了什麼？我回答他們，我想改變。「噢，不！請不要這麼想！這道菜已經是傳奇了，它很完美，應該要放回菜單！」我聽了顧客的話，決定將它重製為開胃菜。這就是為何自 4 年前以來，這就是餐廳的招牌開胃菜。我認為料理就像這樣，可惜在職業生涯裡我們做不到 10 次。我希望能更常做這樣的料理，但這是一道我非常喜愛的料理。

自從你將它放入菜單後，這道菜已經從前菜變成了開胃菜。因此每一桌都吃得到？

是的。

這很少見，我想……

這是有點昂貴的開胃菜：4 克的魚子醬、海膽、槍烏賊。我為每個人供應這道料理，因為我的團隊對我說：「主廚，這真的是你的料理，這可以代表你，透過這種方式表明我們從經典的基礎開始去創造完全現代的一道菜。」

特別的細節是，侍酒師建議我用清酒來搭配……

是的。而我認為在法國，大家對清酒並不熟悉。

你的菜是日式布丁派，並用清酒來建立連結。很有趣……

在這樣的連結之後，我們也想稍微建立自己的個人特色。否則，通常你加上非常美味的法國白酒，而別人也可以這麼做。但我認為清酒也能為故事劃下句點。

這是道非常一致的料理。

奧利弗・拿斯蒂

———

煙燻鰻魚佐迷你韭蔥與柳橙果凝
L'anguille fumée, mini-poireau et orange en gelée

訪談

出生日期與地點：
1966年12月9日於貝佛（Belfort，貝佛地區Territoire-de-Belfort）

可以用3個詞來形容奧利弗・拿斯蒂嗎？

真實不虛、忠誠且勤奮。我不愛謊言，因此我喜歡忠誠。整體而言，我是相當簡單的廚師。對我來說，應該要懂得忠於自我，也就是說要本著自己的根源，而不是試著要改變性格。

這道菜是哪一年創作的？

2004 年。

已經15年了！這道鰻魚料理的創意發想的過程是如何進行的？

首先，海倫，如果你每周來吃這道菜 2 至 3 次，你會跟我說，它的品質令人難以置信，而且具有獨特的活力。

我必須說，我是個熱情的漁夫。我從年輕開始便始終會獨自去釣魚，因為我非常喜歡做不同的思考。一開始我很常飛蠅釣。後來，我狂熱到跑遍世界各地，幾乎每個國家都去，就為了釣鮭魚。現在，鮭魚等同於「不美味」，因此你不能再將牠放在菜單上了。野生鮭魚和極優質品質的鮭魚太過昂貴，顧客無法接受用這樣的價格享用這樣的食材。

煙燻鰻魚佐迷你韭蔥與柳橙果凝

L'anguille fumée, mini-poireau et orange en gelée

———

食材
煙燻鰻魚300克
蒸煮迷你韭蔥1段
細葉香芹1大匙

鰻魚鏡面醬汁 Laquage anguille
粗紅糖25克
醋100毫升
Melfor 醋（酒醋、蜂蜜和植物浸泡液混合而成）
柳橙汁500毫升
胡蘿蔔細丁1/2根
洋蔥細丁1/2顆
家禽釉汁（glace de volaille）[5]100克

綠色白斑狗魚餡料Farce de brochet verte
白斑狗魚肉100克
蛋白30克（即1顆）
鮮奶油50克
香芹泥1/2大匙
鹽1大匙
胡椒

柳橙果凝 Gel d'orange
柳橙汁100毫升
卡拉膠（Textura品牌）1克

韭蔥泥
韭蔥的蔥白1/2根
韭蔥的蔥綠2.5根
小蘇打粉
奶油50克

搭配餐酒
2008年阿爾薩斯白朗德特級莊園灰皮諾（Alsace pinot gris grand cru brand）– 喬士邁酒莊（Domaine Josmeyer）

10
人份

鰻魚鏡面醬汁
將粗紅糖煮成焦糖，倒入醋和柳橙汁。將胡蘿蔔和洋蔥細丁煮至出汁；糖漬時，加入焦糖，濃縮至形成糖漿狀的稠度，接著倒入家禽釉汁。過濾並預留備用。

綠色白斑狗魚餡料
用電動攪拌機攪打白斑狗魚肉和蛋白；用網篩過濾，接著加入鮮奶油，在冰上打發。混入香芹泥，調整味道。

柳橙果凝
攪拌冰涼的柳橙汁和卡拉膠，以小火加熱至煮沸。放涼，保存在高邊容器中，用手持電動攪拌棒攪打。

韭蔥泥
將韭蔥的蔥白和蔥綠切碎；用加入少量小蘇打粉的加鹽沸水烹煮。倒入 Pacojet® 冷凍機的碗中冷凍結冰，並用 Pacojet® 冷凍機攪拌 3 次。加入奶油攪拌，調整味道。將 1 張保鮮膜攤開，擺上煙燻鰻魚脊肉，用擠花袋擠上綠色白斑狗魚餡料，再蓋上另 1 片脊肉。用保鮮膜整個包起，形成條狀。以 85 ℃蒸煮約 6 分鐘。淋上鰻魚鏡面醬汁。

最後修飾與擺盤
在餐盤中擺上 1 段煙燻鰻魚，加上 2 道韭蔥泥。擺上少許柳橙果凝。加上小段的燜煮迷你韭蔥。用幾株細葉香芹裝飾。

---

[5] 釉汁：如糖漿般濃稠的濃縮高湯。

尚路易・諾米科

———

濃縮小牛醬汁輕焗黑松露芹菜鑲餡通心麵

Macaronis fourrés à la truffe noire et au céleri,
en léger gratin, jus de veau réduit

訪談

出生日期與地點：
1967年6月4日於馬賽（Marseille，隆河口省 Bouches-du-Rhône）

可以用3個詞來形容自己嗎？

廚師、老闆、企業家。

這道通心麵料理的創作日期是什麼時候？

1997 年，在我到巴黎的大瀑布（La Grande Cascade）餐廳接下我第一個廚師職務時。

從這天開始，我就沒將這道菜從我工作的任何餐廳的菜單中移除。我每天都做這道菜，但配方已隨著這些年的過去而改變。

有什麼樣的變化？

很多東西都改了，只是一些小的變化，主要是在口感方面，以及麵的煮法。但從 2004 年開始，這道配方就不再更動了。

改良的重點是什麼？

一開始是視覺方面。過去它有點特別，正方形，而且有 2 層。後來，它變成圓形的。我們在美味方面下了更多功夫。這道菜原本就有某種程度的美味，但我們對這點有一定的堅持。而我們對口感進行很大的調整。這道菜是功夫菜，要花很長的時間製作。

濃縮小牛醬汁輕焗黑松露芹菜鑲餡通心麵

Macaronis fourrés à la truffe noire et au céleri, en léger gratin, jus de veau réduit

---

4

人份

食材

麵

得科（De Cecco®）（吸管麵19號 zita n° 19）通心麵18根

牛乳250毫升

粗鹽5克

餡料

根芹菜細丁86克

松露26克

生鴨肥肝86克

奶油

細鹽3克

白胡椒

配菜

直徑9公釐的松露薄片20片

直徑9公釐的芹菜薄片20片

濃縮鮮奶油55克

帕馬森乳酪3克

濃縮波特酒（porto）10毫升

奶油白醬（béchamel crémée）100毫升

松露小牛湯汁100毫升

搭配餐酒

2010年隆河老藤教皇新堡白酒（Châteauneuf-du-pape blanc Roussanne Vieilles Vignes）– 布卡斯特爾堡（Château de Beaucastel）

麵

在加鹽牛乳中以小滾的方式煮麵 8 分鐘；瀝乾後擺在盤子上，並在麵的上方和下方擺上濕毛巾。冷藏保存。用 8 公分的壓模壓成圓形。

餡料

用刀將芹菜切成細丁，並將松露切碎。將肥肝切成小丁。取松露和芹菜，製成厚 2 公釐，直徑 14 公釐的薄片，每個人 5 片。用奶油蒸煮芹菜，保留少許清脆口感。調味並加入松露。蓋上保鮮膜並離火。浸泡幾分鐘。加入肥肝，輕輕拌勻，蓋著保鮮膜浸泡 10 分鐘。填入擠花袋，擠入每條麵條中。淋上濃縮奶油醬，撒上帕馬森乳酪。入 200 ℃的烤箱烤 5 分鐘。

最後修飾

用奶油、白色高湯和波特酒煮松露蒸煮芹菜。將通心麵兩兩交疊，在每份交疊的通心麵周圍擺上 5 片蔬菜薄片。淋上奶油白醬和松露小牛湯汁。

阿朗・帕薩爾

楓糖漿冷熱蛋佐雪利酒醋
Le chaud-froid d'oeuf au sirop
d'érable et vinaigre de Xérès

•

這道菜經歷了這麼多年！

•

訪談

出生日期與地點：
1956年8月4日於布列塔尼拉蓋爾克（Guerche-de-Bretagne，伊爾-維萊訥）

如果要用3個詞來形容阿朗・帕薩爾，那會是什麼？

尊重季節、大自然、食材……還有，我是個忠誠的人：14歲時，我決定成為廚師，而且從未改變主意。

快樂的廚師……

噢，是的！從一開始就是！

這道菜的創作日期是什麼時候？

1986 年，在琶音餐廳開幕時。

你創造了很多東西，你是個超有創意的廚師。為了讓這道菜從用餐的一開始供應，並從1986年延續至今，你的創意發想的過程是如何進行的？

這道菜經歷了這麼多年！這就像繪畫、音樂或雕刻一樣，會有「流行」的菜色。確實在我創作的所有菜肴中，沒有太多可追溯至這時的倖存者。當然蛋料理是其中之一，就像巧克力千層派一樣。但所幸後來也有其他的菜肴誕生，例如龍蝦條（aiguillettes de homard）、脆糖鴿子（dragée de pigeonneau）。可是蛋料理還是保留了下來，我想因為這是蛋料理。

楓糖漿冷熱蛋佐雪利酒醋
Le chaud-froid d'oeuf au sirop d'érable et vinaigre de Xérès

───

食材

新鮮有機雞蛋4顆（大顆）

乳皮鮮奶油（crème fleurette）200毫升

雪利酒醋2小匙

四香粉（quatre-épices）2撮

鹽之花

楓糖漿2小匙

搭配餐酒

2015年蒙路易安佩希葡萄酒（Montlouis Implicite）－盧多維克・香頌（Ludovic Chanson）

4

人份

用開蛋器（toque-oeuf，或用切割機）將蛋的1端切下；將蛋白排掉，將蛋黃留在殼底。將蛋保存在蛋盒中。攪打乳皮鮮奶油、醋、四香粉和鹽之花。

在小滾（70℃）的水中將含蛋黃的蛋殼在水面漂煮6至7分鐘；接著在每個殼中加入：1匙的打發鮮奶油和1匙的楓糖漿。用蛋杯享用。

•

確實在我創作的所有菜肴中，
沒有太多可追溯至這時的倖存者。

•

洛洪・柏蒂

───

菊苣根
Les racines d'endives

•

代表性菜肴是分裂的料理，它們帶來混亂，
引發人的注意，就是非愛即恨的料理，
但無論如何都不會讓人漠視。

•

出生日期與地點：
1963年6月22日於比西耶萊貝蒙（Bussières-lès-Belmont，上馬恩Haute-Marne）

可以用3個詞來形容自己嗎？

精神上很誠實。我很喜歡別人說我是個誠實的廚師。現在的人有可能終生都很誠實嗎？答案並不是那麼明顯。

後來，我希望別人會說我是個成功保有極大落差的廚師：一方面是務實的廚師、管理者、企業廚師、團隊領導人、指揮，另一方面則是培養藝術感性，並以此做為真正烹飪指標的廚師。這就是現在我對自己的定義，因為我閱讀資產負債表就和看烹飪書籍般愉快！

最終，我喜歡人們說我是「值得深交的」。因為

人們一開始經常對於我是否是個討人喜歡的廚師這點存疑，但當你深入探索，你會改變想法。

這道菜是何時誕生的？

2015 年。這道菊苣料理誕生於我外出做料理時，這是我的激烈轉變，我讓自己完全暴露在外。我去見味道的生產者，也就是那些親自將手插進泥土的人、清晨 4 點就起床到安錫湖釣魚的人，將生活融入職業，而且將職業視為熱情的生產者、養殖者、採集者。我決定停止廚師只和供應商、中介商合作這無意義且荒唐的現象。我喊停，我們停止這種透過第 3 者的料理方式，我們要直接和核心人物會面。

在當時我最早會面的人當中，就有這位在尚貝里附近的先生前來向我介紹出色的菊苣。

菊苣根
Les racines d'endives

6

人份

食材

菊苣
帶根菊苣3大顆
鹽、胡椒

菊苣根
雞高湯750毫升
奶油80克

脆皮烤鴨 Canard crépitant
鴨肉200克
大蒜1瓣
百里香
月桂葉1片

炸紅蔥頭 Échalote frite
紅蔥頭30克
奶油30克

最後修飾
檸檬皮
核桃仁6顆
濃縮雞湯150克
菊苣心1顆
橄欖油10克

搭配餐酒
2008年薩瓦胡塞特
（Roussette-de-
savoie）瑪萊斯泰
（marestel）– 杜帕斯基
酒莊（Dupasquier）

菊苣
請使用削皮刀為菊苣根由上往下去皮。務必不要將菊苣根頂端的葉片弄破。

菊苣根
取下菊苣外面所有的葉子，如果葉片已受損，請扔掉。將菊苣根垂直放入雞湯中，雞湯不要蓋到葉片，慢燉40分鐘。煮好時，將菊苣從根和頂端長邊切半。用奶油煎至金黃色。擺在餐巾紙上。

脆皮烤鴨
將烤箱預熱至180℃。將鴨皮清理乾淨，不留任何的肉。和蒜瓣、百里香、月桂葉、鹽和胡椒一起擺在烤盤上，入烤箱烤20分鐘。從烤箱取出時，擺上重物30分鐘，以去除皮的油脂，而皮應烤至金黃酥脆。切丁並晾乾。

炸紅蔥頭
將紅蔥頭去皮並切碎。用奶油煎至充分金黃。瀝乾後晾乾，讓紅蔥頭變得酥脆。

最後修飾
將煮熟的菊苣根擺在餐盤上。在菊苣根上方刨一些碎檸檬皮。撒上炸紅蔥頭，加上幾顆磨碎的核桃仁。加上幾片脆鴨皮，淋上濃縮雞湯。將菊苣分開，並用橄欖油、鹽和胡椒調味。分裝至6個餐盤中。

安娜蘇菲・皮克

———

巴儂山羊乳酪粽
Les berlingots au chèvre de Banon

出生日期與地點：
1969年7月12日於瓦朗斯（Valence，德龍省 Drôme）

皮克家族就像法式美食的紀念碑。你的父母和祖父母都是餐廳業者，而你本身也在延續這漫長的歷史⋯⋯

　　這一切都始於一名女性：蘇菲・皮克，1891 年她開始在廚房裡工作，就此開創了這個家族的王朝。我的曾祖父母在定居阿爾代什（Ardèche）時有 12 塊農田。我的曾祖母一直都在廚房裡，而我的祖父則一直纏在她身邊。當然，我的祖父決定北上至首都巴黎學習廚藝，讓自己有一技之長。他當時是奧塞碼頭（Quai d'Orsay）餐廳最年輕的醬汁廚師之一。後來他又回到他阿爾代什的故鄉，接下了他母親的崗位。他在 1934 年獲得了三星，不是在瓦朗斯這裡，而是在阿爾代什。

因此你代表第4代？

　　是的，從蘇菲開始。但我是三星的第 3 代，而這在世上是獨一無二的，因為儘管當代有如布哈吉耶媽媽這樣歷史悠久的知名餐廳，但卻已不再屬於世代傳承的餐廳。

你的祖父叫什麼名字？

　　安德烈，因此他是尤金（Eugène）和蘇菲的兒子，而他自己的兒子就是我父親傑克。

因此，傑克，你的父親從你的祖父安德烈手中接手了這裡？

是的，在 1954 年。

你父親的傳奇菜肴是什麼？

魚子醬狼鱸佐漁夫沙拉。後者是加了甲殼類、螯蝦和貝類的沙拉，並以很稀的蛋黃醬進行調味。他使用的是彩色的蛋黃醬，他的料理那時已有像這樣善用色彩的特色，這在當時非常創新。

他有留下他的食譜書嗎？

沒有，這令我非常失望。他和我的祖母都沒有撰寫這樣的書籍。我有他們親手書寫的東西、食譜、照片，很多打字的檔案，但沒有編寫成書。我父親曾有這樣的計畫，我甚至有書的初稿，後來變成了修改成可以在家製作的美食配方，但他未能完成。

你父親為何會有創造魚子醬狼鱸這道菜的想法？

我的母親經常向我們敘述這段回憶。我們過去住在餐廳樓上，當我父親回家時，他會爬上樓梯，並快速刮鬍子。餐飲服務總是必須完美無瑕，因此他不在早上刮鬍子，只為了服務才刮。他會一邊刮鬍子一邊思考，而在某個暫緩的時刻，他想到了黑白魚子醬狼鱸，狼鱸的白肉搭配香檳醬汁，以及淋在整隻狼鱸上的黑色魚子醬。

當時使用的是野生魚子醬……

當然！在 Petrossian 品牌的藍盒子裡，還有大大的紅色帶子。我相信我父親一直是世界上最大量的魚子醬消費者。這道菜當時非常受歡迎，那時的魚子醬也沒那麼貴，這就是招牌菜。

他的另一道招牌菜是漁夫沙拉佐羊魚肥肝棋盤，這也是我會在我的安德烈小酒館裡會製作的菜，我只是加入了馬賽魚湯凍，這就像是我和父親一起組合出這道料理，只是沒有真的一起。

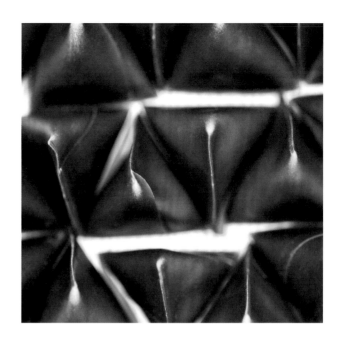

你可以向我列舉你父親、你祖父其他的菜肴嗎？

我的父親和祖父製作了一道松露修頌（chausson aux truffes），我祖父在他的時代將這道菜命名為「格里尼昂之珠修頌」（chausson aux perles de Grignan）。這對我來說是道傳奇性菜肴。將整顆的松露拿來食用，整顆拿來烹煮，在當時是非常新穎的做法。就像當時的魚子醬絕不會搭配魚料理一樣，松露絕不會整顆上菜。對我來說，這道菜很神奇，因為在料理時，千層酥會充滿了松露的味道。

在我試圖為這本書挑選你的一道菜時，這非常棘手……因為我難以抉擇。但我對粽子的巨大熱情令我妥協！我第一次到米其林三星的餐廳裡用餐時，人們為我端上一道乳酪料理。

但你知道的，這道菜的做法極其法國！法式料理就是重乳脂。外國廚師，尤其是義大利廚師沒有弄錯：對他們來說，我們的料理就是重乳脂，因為我們會使用奶油、牛乳、乳酪和鮮奶油。在我的廚房裡，我經常使用乳酪。例如某天我就用乳酪火鍋來煮小牛胸腺。有 3 年的時間，它是如此受歡迎，後來還成了這裡的招牌菜！

這道菜的創作日期是什麼時候？

是在 2012 年。我創作這道菜做為配菜。最後，它花了一段時間才獲得重視。有趣的是，現在我會在我所有的餐廳裡變化這道菜。首先是在瓦朗斯使用巴儂山羊乳酪。一開始是白色的，我後來把它變成綠色的。在洛桑（Lausanne）是弗里堡乳酪火鍋（fondue fribourgeoise），在倫敦用的則是聖塞拉（St. Cera）乳酪，在巴黎用的則是莫倫布里（brie de Melun）乳酪。

創意發想的過程是如何進行的？

這是我的挑戰，我對自己下的戰書是我想做一道以麵食為基底的菜。皮克家族的傳統是為麵食而瘋狂，我們熱愛麵食，我的父親和我都很喜歡，但我認為法國廚師以麵食為基底來製作菜肴是不合理的，因為沒有歷史定位。於是我構思以特殊折疊的麵團為基底的菜肴，但這種麵團並不存在。我很清楚我想要的形狀：就是粽子的形狀。而概念就這樣緩慢成形⋯⋯

那為何是粽子？

因為粽子和童年回憶有關。我整個童年都看到這三角形的折疊。我們和祖父一起製作卡龐特拉水果糖（berlingots de Carpentras）。我的腦袋裡有這非常

明確的概念。我們開始在洛桑進行嘗試，但真正創造出來是在瓦朗斯，即想出折疊法的時期。一開始，我們製作方形的麵皮，我們將它們個別折起，而這花了我們無數的時間。漸漸地，我開始朝主題前進，我們開始製作圓柱形以加快速度。我們每天早上製作，可以每天早上處理麵團是多麼美妙的事！

烹煮的時間是多久？

水煮 1 分半鐘，接著刷上奶油，同時製作醬汁。

這道粽子如何從配菜變為主菜？

這是小羔羊的配菜，但顧客向我要求：「我們可以再吃粽子嗎？」於是，我想粽子可以單獨存在。

這不是第一次有主廚跟我轉述這類的小故事了：往往是顧客給了我們線索！

是的，顧客就是有這種非凡的能力，他們就像晴雨表。為何在廚師推出新菜時會感到害怕？因為廚師很清楚自己的喜好，知道什麼因素可能帶來影響，知道什麼會成功，但還是要由顧客的評論才能決定這道菜是否出色。

顧客就是我們的觀眾。是他們讓粽子得以表現。我始終認為我的粽子料理是道獨特的菜，非常具有個人色彩，我永遠愛它。

·

我構思以特殊折疊的麵團為基底的菜肴，
但這種麵團並不存在。
我很清楚我想要的形狀：就是粽子的形狀。
而概念就這樣緩慢成形……

·

巴儂山羊乳酪粽佐西洋菜、香檸檬、抹茶和薑

Les berlingots au chèvre de Banon, cresson de fontaine, bergamote, matcha, gingembre

———

食材

粽子麵團 Pâte à berlingots
麵粉100克
蛋黃60克
橄欖油4毫升
白醋1毫升
抹茶2克
鹽

粽子餡料 Farce à berlingots
馬斯卡彭乳酪50克
去皮巴儂山羊乳酪（banon）50克
布魯斯綿羊乳酪（brousse de brebis）50克
山毛櫸木（Bois de hêtre）
鹽

西洋菜水 Eau de cresson
西洋菜500克
半鹽奶油10克
水200毫升

4

人份

粽子麵團
用電動攪拌機攪拌麵粉、蛋黃、橄欖油、醋和抹茶。用保鮮膜將麵團包起，冷藏保存至少1個晚上。將麵團盡可能擀薄，小心地折疊幾次。

粽子餡料
將馬斯卡彭乳酪擺在濕濾布上，用山毛櫸木煙燻15分鐘。用果汁機攪打去皮巴儂山羊乳酪、布魯斯綿羊乳酪和煙燻馬斯卡彭乳酪。攪打至形成平滑的乳霜狀。用網篩過濾，填入擠花袋中；冷藏保存。麵皮擀好後，進行粽子的組裝。

西洋菜水
將西洋菜去梗並清洗。用半鹽奶油翻炒約略切碎的西洋菜枝。加水，煮約10分鐘。放涼，接著和西洋菜葉一起放入果汁機中攪打。用濾布過濾後預留備用。

接續 264 頁

巴儂山羊乳酪粽佐西洋菜、香檸檬、抹茶和薑（接續上頁）

Les berlingots au chèvre de Banon, cresson de fontaine, bergamote, matcha, gingembre

———

西洋菜醬汁基底 Base de la sauce cresson
西洋菜水200克（見上頁）
去皮薑2克
香檸檬葉1片
鹽

抹茶奶油 Beurre matcha
普瓦圖-夏朗德（Charentes-Poitou）AOP認證產區奶油125克
抹茶3克

配菜
甜菜莖1/4根
奶油
蔬菜高湯
旱金蓮葉
菊花葉
細葉香芹花
馬齒莧花
橄欖油
繁縷
甜菜葉
番杏（Tétragone）

最後修飾和擺盤
西洋菜醬汁基底（見左方）100克
抹茶奶油（見上方）30克
香檸檬皮1/4顆
薑5克
奶油
鹽

搭配餐酒
2007年普依芙美（Pouilly-fumé）普桑白酒（Pur Sang）–迪迪埃・達格諾酒莊

西洋菜醬汁基底
將西洋菜水稍微加熱，但不要煮沸，接著加入切碎的薑和香檸檬葉。離火後浸泡 5 分鐘。調味並過濾。

抹茶奶油
將奶油切成小塊，接著將抹茶混入膏狀奶油中。冷藏保存。

配菜
清洗甜菜並將葉片摘下。用少許橄欖油和奶油翻炒甜菜莖，接著倒入蔬菜高湯。蓋上有氣孔的鍋蓋，燜煮至煮熟但仍結實的程度。切成長 3 公分且寬 4 公釐的小條。

最後修飾與擺盤
用沸水煮粽子約 2 分鐘，接著刷上少許奶油。為甜菜條分別刷上奶油。將西洋菜醬汁基底和抹茶奶油一起打發。浸泡香檸檬和薑。過濾並調整味道。在湯盤上和諧地擺上甜菜、粽子和不同的芽菜。
在餐盤中央放上乳化醬汁，剩下的以醬汁杯擺在一旁。

●

我整個童年都看到這三角形的折疊。
我們和祖父一起製作卡龐特拉水果糖。

●

尚馮索・皮埃居

———

杏仁奶酪
Le blanc-manger

出生日期與地點：
1970年9月25日於瓦朗斯（Valence，德龍省Drôme）

可以用3個詞來形容你自己嗎？

我會說……「英勇」，我很愛這個詞。這是個美麗的詞，但人們不常使用。我還要補上「熱情」和「變動」。我認為料理是一直在變動的，它會受到滋養並前進。它在特定的時刻並非固定不變的，它是持續變動的。

你何時發明這著名的杏仁奶酪？

我在 2000 年左右開始製作這道配方，因此這是已經將近 20 年的料理！

故事如下：我的祖母製作了我很愛的浮島（ile flottante）。她跟我說了配方，但沒有留下書面記錄。在她逝世以後，儘管我試著重製，但卻沒有成功。小時候我可以理解這道配方，但成為廚師後卻很難接受。

因此我堅持不懈，但卻沒能成功，我不知道為什麼，我從蛋黃開始，試了各種可能的組合，到最後才終於「觸及」我祖母的浮島的味道。

這道菜的故事有點像是「普魯斯特的瑪德蓮蛋糕」：我的杏仁奶酪誕生自我童年的回憶。

研發出這道配方後，我們才為它賦予方形或圓形的形狀，先是鹹味，然後是甜味。

千變萬化！

是的！千變萬化！這就是為何我會說變動，這顯示出我的哲學。其實，如果你不為你的料理賦予生命力（因為我認為料理、糕點都是活的），它就會死亡……

你知道我和這道杏仁奶酪之間有個略為特別的故事：在我懷安娜絲（Anaïs）時，我晚上做了個夢……

我想這是第一道菜，但其實並不是第一道菜……倒是我的兒子安東尼最早在大餐廳（Grand Restaurant）這裡吃的東西就是杏仁奶酪英式奶油醬。

●

我用杏仁奶酪來建構大餐廳的甜點。

●

顧客會要求這道菜嗎？

事實上正是這道菜打造出我餐廳的甜點主張。在我們開張時，我們有經典甜點的菜單，漸漸地，我將它變成了唯一的「大甜點」，即甜點的組合，其中包括杏仁奶酪。事實上，我想營造一種體驗，但我不希望人們只是品嚐杏仁奶酪後，就跳到其他的事物上。我偏好在適當的氛圍下端出這道甜點。這是我供應獨特甜食組合的方式。

因此每桌都吃得到？

每桌的人都吃得到：所有人都會吃到杏仁奶酪。

那大餐廳的顧客在點甜點時會明確表示，例如說他們想吃巧克力？

不，就僅止於此。我餐廳供應的甜點就是杏仁奶酪，其餘的由我選擇：巧克力、水果、蔬菜，質地是液態、冰淇淋……我用杏仁奶酪來建構大餐廳的甜點。

如果我坐在這裡，我無法選擇我自己的甜點？

你可以選擇要不要吃甜點，但你無法選擇裡面有什麼。而且一定會有某種版本的杏仁奶酪。

但那從未發生過！

我們已經引進這樣的想法很久了：大餐廳、大甜點……而菜單叫做大菜單。

這道菜有什麼重大的演變嗎？

首先，為何這道菜叫做「杏仁奶酪」？因為一開始這是道鹹味料理，而我希望在這裡白色仍能保留和黃色同樣的地位。同時我也處理這浮島上的甜味。在某些時刻必須做出選擇，我們無法做出既甜又鹹的料理，因此，我選擇只保留甜味。

主要的變化在形式和成分。

例如香草？

是的，概念始終是讓這道配方變得與眾不同。所有人都可以用香草，只要用買的就行了。但讓我們的杏仁奶酪變得獨特的，是我們創造了我們自己的混料。

你如何製作這香草混料？

由於我們會將大量的香草浸泡在牛乳中，我們會結合不同產地的香草莢：墨西哥、印度、馬達加斯加、大溪地的香草。

杏仁奶酪一直在改變……

是的，每 3 個月會變化 1 次，我們會製作不同版本的杏仁奶酪，但調整的部分幾乎難以察覺。例如，我們從 6 個月前開始只使用農場雞蛋：不再使用蛋製品！因此，口感不如過去規律，因為這些蛋的蛋白在打發後較不容易維持。

所以這是不同的版本。

現在，我們也會購買布列塔尼農場附近的生乳。

味道因而截然不同。

最終，許多的微調讓這道配方不斷進步！

杏仁奶酪
Le blanc-manger

食材

英式奶油醬

香草莢4根

半脫脂牛乳750毫升

全脂液態鮮奶油250毫升

蛋黃10顆

砂糖150克

焦糖圓片 Disques de caramel

砂糖200克

葡萄糖膏60克

水400毫升

杏仁奶酪

膏狀奶油

蛋白5顆

砂糖50克+塔圈用少許

搭配餐酒

伊甘堡蘇玳葡萄酒
（Sauternes, Château Yquem）

8

人份

英式奶油醬

將香草莢沿長邊打開，用刀尖將內部的籽刮下。在平底深鍋中加熱牛乳、鮮奶油和香草莢。在容器中將蛋黃和的糖攪拌至泛白，接著將煮沸的液體倒入打好的蛋黃中。

將備料倒入平底深鍋中，煮至濃稠成層（82℃）。用漏斗型網篩過濾，冷藏。

焦糖圓片

用糖、葡萄糖和水來製作焦糖。將焦糖倒在矽膠烤墊或烤盤紙上放涼。在焦糖凝固後，用電動攪拌機打成細粉。用小濾網將焦糖粉過濾至鋪有烤盤紙和直徑 5 至 6 公分模板的烤盤上。入烤箱以 180℃烤幾秒鐘，讓焦糖融化，形成圓片。

杏仁奶酪

為 8 個直徑 5 至 6 公分的法式塔圈內部刷上膏狀奶油並灑上砂糖。將蛋白打發成泡沫狀。用糖將泡沫蛋白攪打至緊實。

用擠花袋將泡沫狀蛋白擠在塔圈底部和邊緣：形成凹槽。輕輕將 1 匙的英式奶油醬擺在塔圈中央的泡沫狀蛋白上。再蓋上泡沫狀蛋白，用抹刀抹平。

入烤箱以 90℃烤 10 分鐘。烘烤結束時，將杏仁奶酪從烤箱中取出，靜置 1 分鐘。輕輕脫模。在每個餐盤上擺上 1 個杏仁奶酪，在上方輕輕放上 1 塊焦糖圓片。

———

艾希克・帕

———

爆米香酥醃海螯蝦佐芹菜青蘋
La langoustine marinée et croustillante au riz soufflé, céleri et pomme verte

•

當傑克・萊美露滋（**Jacques Lameloise**）對我說這道菜將會成為我的代表性菜肴之一時，我不假思索地回答：「或許！」。

•

訪談

出生日期與地點：
1972年3月1日於羅阿訥（Roanne，羅亞爾河谷）

可以用 3 個詞來形容廚師艾希克・帕嗎？

熱情、嚴謹，當然還有料理。

這似乎是很基本的回答，但料理是我的熱情所在，我很幸運可以每天過著這樣的生活，我很幸運能夠從事我所喜愛的職業，而且我每天都從中得到無比的樂趣。身為廚師，我充滿熱情且極為投入，就為了在獨特的時刻餵養每名顧客。

———

•

身為廚師，我充滿熱情且極為投入，
就為了在獨特的時刻餵養每名顧客。

•

你何時創作了爆米香酥醃海螯蝦佐芹菜青蘋這道菜？

這道菜可追溯至 2008 年 5 月。

這代表了我料理的方式、我所愛的一切，因為我喜歡運用不同的口感：它包含了熱、冷、香酥和清脆，當然還用了少許第戎芥末做為我地區的立足點。我思考的起點是海螯蝦、西芹頭蛋黃醬沙拉和芥末，接著用青蘋果提供酸味，魚子醬只是帶來些許額外的碘味。

我對這道菜保有不可思議的回憶，那是在傑克・萊美露滋（Jacques Lameloise）的時代。一位經常造訪米其林餐廳的常客來到廚房對我說：「主廚，這是道不可思議的菜！」那時我來到這裡才幾個月的時間，這讓我喜出望外。當傑克・萊美露滋（Jacques Lameloise）對我說這道菜將會成為我的代表性菜肴之一時，我不假思索地回答：「或許！」。因為我才剛來到萊美露滋幾個月，這完全不是我要操心的事。後來它確實成為了代表性的菜肴，我知道餐廳曾有一度試圖要將這道菜拿掉，但有顧客又點了這道菜。

我試著重新修飾，因為我想要自我提升。但在過度修改當中，我也失去了這道菜的部分故事。因此我根據一些明智的建議迅速回歸到原本的配方。

這是會讓所有人都讚不絕口的料理？

　　正是如此。這是需要對烹調有充分掌握的料理，因為海螯蝦會以奶油炸至形成珠光。這道菜的祕訣在於用澄清奶油酥炸海螯蝦，而不是用一般的油進行油炸。用一般的油炸會形成平庸的料理，而用澄清奶油則多了奶油的美味。

而且還有爆米香非凡的口感。你哪裡來的想法？

　　想法起初有部分來自法式甜甜圈（beignet）。我不想製作甜甜圈的麵糊，也不想將海螯蝦炸成天婦羅。爆米香非常酥脆，這也是我喜歡的地方。我做了大量的嘗試，而這樣的點子在有點偶然的情況下出現。

不是在吃你女兒的穀片時想到的嗎？

　　這確實會讓人聯想到玉米片，但靈感並非來自於此，不過也或許是出於無意識。

無論如何，爆米香讓顧客憶起令人感到寬慰的童年回憶。

　　這搭配藜麥米香或玉米片也會很美味，但我個人很喜歡用米。

這道配方有大幅變化嗎？

　　有，也可以說沒有。其實我認為我料理上的「敵手」，就是永遠想要改變配方。我不喜歡常規，我不喜歡待在舒適圈。但今日，我想我已臻於成熟。

　　我曾不計一切代價地想改變這道菜，保留同樣的食材，但用不同的方式處理。一段時間後，因為顧客一再跟我提起先前的版本，我才明白這道菜已經完善，它已通過時間的考驗，這道菜已沒有需要更動的地方了。

你已探索了所有可能的領域？

是的，我想。這是一道與時俱進的菜，它的特點是將 2 道配方集結成 1 道。

一方面，裡面有韃靼，但如果顧客不喜歡韃靼，我們可以油煎。

另一方面，顧客可以只點酥炸海螯蝦。

這是道我們可以依據個人喜好調整味道的菜。

芥末確實是調味料，我喜歡在我的配方中加入部分的勃艮第風味，因此芥末在那裡可用來喚醒味蕾。

我很愛你餐廳裡的一道菜，就是勃艮第龍蝦……

它的起始點是燉龍蝦，而這是出色的法式經典料理。我以紅酒燉牛肉的精神重新改良。

因此我們可以說，你就是不停地在變動中！

是的，我有一些指標性的菜肴，但我的料理一直都在變化中。我確保我的料理仍保有法式料理的基礎，法式料理的 DNA，同時增添少許的現代化，但不能過頭。

顧客不是來萊美露滋尋找革命的！

我們是保存出色法國傳統的現代餐廳……

爆米香酥醃海螯蝦
佐芹菜青蘋

La langoustine marinée et croustillante au riz soufflé, céleri et pomme verte

---

食材

檸檬庫利
黃檸檬100克
糖40克
八角茴香0.5克

芹菜奶油醬 Crème de céleri
根芹菜100克
橄欖油20毫升
液態鮮奶油100毫升
蔬菜白酒湯100毫升
吉利丁片3克

青蘋果汁
青蘋果250克
抗壞血酸5克
菠菜葉綠素8克
吉利丁片2.5克

4
人份

檸檬庫利
將檸檬去皮並去掉白膜部分。加入糖，醃漬 12 小時。以小火煮至形成焦糖色。用電動攪拌機攪打後，用網篩過濾。預留備用。

芹菜奶油醬
將芹菜去皮並切成大丁。用橄欖油將芹菜煮至出汁，但不要上色，調味並倒入鮮奶油和蔬菜白酒湯；微滾 20 幾分鐘，用電動攪拌機攪拌後用漏斗型濾器過濾。用泡水的吉利丁進行澄清。在每個湯盤中倒入 30 克的芹菜奶油醬。

青蘋果汁
用果汁機將青蘋果打成汁，加入抗壞血酸以避免氧化，接著加入菠菜葉綠素。澄清果汁，將果汁加熱至 65 ℃，用濾布過濾果汁以去除雜質，用泡開的吉利丁進行澄清。調整味道。將 12 克的青蘋果凝倒入冰涼的芹菜奶油醬中。

接續 278 頁

爆米香酥醃海螯蝦佐芹菜青蘋（接續上頁）

La langoustine marinée et croustillante au riz soufflé, céleri et pomme verte

---

醃海螯蝦 Langoustine marinée
1/3公斤海螯蝦4隻
檸檬庫利（coulis de citron）3克
陳年酒醋40毫升
核桃油40毫升
切絲的菠菜芽10克
鹽之花
胡椒粉

爆米香海螯蝦
Langoustine au riz soufflé
1/3公斤海螯蝦4隻
玉米粉（Maïzena®）10克
蛋白3顆
爆米香80克
切碎迷迭香1克
油炸用油

芥末奶油醬Crème moutarde
打發鮮奶油50克
斐洛（Fallot）品牌傳統芥末醬（帶有顆粒）10克

裝飾
卡維亞芮（KAVIARI）品牌的晶鑽（Kristal®）魚子醬20克
京水菜葉4片
甜菜葉（feuilles de poiret）4片
琉璃苣花4朵
青蘋果薄片12片

搭配餐酒
2016年蘇菲緹一級佩南維哲雷斯村白酒（Pernand-vergelesses 1er cru Sous Frétille）－安德烈‧弗朗索瓦酒莊

醃海螯蝦
將海螯蝦去殼，去掉沙腸，保留頭部做為其他配方使用。將海螯蝦身切碎；用鹽之花、檸檬庫利、醋和核桃油調味。加入切絲的菠菜，並用研磨罐灑上1圈的胡椒粉。全部拌勻。

爆米香海螯蝦
將海螯蝦去殼並調味。沾取麵粉後浸泡蛋白，接著再裹上爆米香。以170℃的油油炸。保存半透明的海螯蝦。加入幾滴檸檬庫利，撒上切碎的迷迭香。

芥末奶油醬
將鮮奶油打發，加入芥末醬。調味並填入擠花袋中。

最後修飾
在每個餐盤上擺上海螯蝦韃靼，表面再擺上芥末奶油醬、1球魚子醬，並以沙拉菜、琉璃苣花和青蘋果薄片裝飾。餐盤一旁搭配酥炸海螯蝦享用。

艾曼紐・雷諾

江鱈和白斑狗魚餅佐洋蔥湯
La lotte du lac et brochet en biscuit, bouillon d'oignon

訪談

出生日期與地點：
1968年1月26日於蘇瓦西蘇蒙特莫朗西（Soisy-sous-Montmorency，瓦勒德瓦茲）

如何用3個詞來形容你自己？

　　首先對於那些不認識我的人來說，我還是滿像「熊」的，因為我很直截了當。這或許就是我很像山區居民，其實就是質樸的一面。我不輕易向任何人展露自己，我喜歡社會準則，不會只認識 5 分鐘就去拍任何人的背。我必須先建立信任感，之後，我就會很忠誠。我沒有很多廚師朋友，但有認識很久的真心朋友，例如愛德華・盧貝或尼可拉・勒貝（Nicolas Le Bec），這些都是我認識了 30 年的朋友。我任何時候都可以問他們任何事，有真心的朋友真的很重要。

> 當我不再陶醉的時候，我就會將這道菜從菜單上移除。

因此這是1個詞，還有2個，或許是在廚房裡？

　　在廚房裡，我會現身，我喜歡觸摸材料，接近我的團隊。我喜歡在那裡協助他們，和他們一起準備，和他們一起創造，包括分享還有傳授。

我觀察到，每當你在廚房裡時，你總是在移動中……

當我不在梅傑夫時，不是我關閉餐廳，只是我沒開。我在那裡幫忙做著各種服務。即使沒有我，我的團隊還是可以將工作做得很好，而且跟我一樣好。但我這麼做是出於對顧客的尊重。我們不是都市裡的餐廳，我們是鄉村裡的餐廳。我們很幸運，全年的中午和晚上都是客滿的。而當顧客上門，我想他們當然希望受到我妻子，也就是餐廳女主人、飯廳總管的熱情招待，接著還有我這個主廚為他們料理。人們跟我說，我的料理是慷慨的，我也總是準備要提供額外的小菜。這在料理上很重要，就是分享和帶來快樂。當人慷慨時，他在任何地方都會慷慨。

這就是第3項特質：慷慨！

如果要這麼說的話！正是如此！

這道菜的創作日期是什麼時候？

我已經記得不是很清楚……

至少有 20 幾年了！

你在鹽花村（Flocons Village）餐廳已經有做過，因為我是在那裡第1次嚐到這道菜……

是的，我是從那裡開始製作的。我將它放入菜單以強調湖魚。

這在20年前是先驅的舉動！

當我們在安錫湖畔工作時，我們使用大量的海魚。當時所有鄰近湖畔的餐廳業者，不論鄰近的是哪個湖，即使是在山上，都會使用海魚。所有的酒吧也都有海魚。我則很幸運有漁夫朋友埃里克‧雅克（Éric Jacquet），我向他提出請求：「噢，我想要你的湖魚來為我的餐桌增添出色的多樣性！而他回答我：「在答應你之前，你必須跟我一起去釣魚，因為我不會將魚賣給不知道我怎麼釣魚的廚師。」於

是，在我打算和他約定碰面時，他告訴我他每天晚上都會在湖邊待到凌晨 1 點，我便答應現身。我結束我的餐飲服務後便驅車前往，就這樣……

20年前的湖魚是受到什麼樣的待遇？

當我將湖魚擺在菜單上時，人們對我說：「這些魚聞起來有土味。」當時談到湖魚，幾乎都是帶有貶義的，而現在趨勢已完全改變。

後來，我用江鱈，用紅眼魚……來製作魚餅。我用很多種魚進行變化，因為在使用漁獲時，很難確保食材的一致性。這道配方讓我可以一直將這道菜加入菜單中。

這道配方必須取決於漁夫提供的漁貨？

正是如此。還有魚的大小。確實，當我們有漂亮的魚，我們就可以做漂亮的磚形魚餅，這很棒。應使用整條魚而不要浪費。

這道菜有大幅變化嗎？如果有，那是什麼樣的變化呢？

不可避免地，全年都會有所變化，但在口感部分，我們做得越來越柔軟，同時保存味道。接著，醬汁也會改變。

最早的魚餅，我是搭配透明的蔬菜高湯供應。後來，我會搭配浸泡香草做得厚一點或薄一點。因此配方是一直在變化的，但還是保留經典和美味。即使是我自己，即使已經過了 20 年，我還是一直很喜歡吃這道菜，品嚐這道菜。這道配方並不亞於「重新詮釋」或做法不同的魚丸佐南蒂阿小龍蝦醬（quenelle de Nantua），因為魚丸佐南蒂阿小龍蝦醬裡有麵包湯，而我們的配方裡完全沒有麵包湯。

•

所幸不是每個人的口味都相同，
這令人振奮。無論如何，
我喜歡能引發情感的料理。

•

沒有添加麵粉或其他。

人們經常對我說：「這就像肉丸。」我跟他們說沒錯，它的本質就像肉丸，因為這是魚慕斯，但是沒有添加麵粉或其他可以增加體積或讓它「膨脹」的材料。

那那些小珠子呢？

呃……這些小珠子是木薯球。

在這道配方中有 2 種酥脆口感：麵包薄片也帶來漂亮的色彩，接著是在來米粉和蕎麥製成的小珠子。對這道沒有太多嚼勁的配方來說，必須提供酥脆口感。這裡的小珠子就是這樣的作用。至於木薯珠，一樣是用來支撐味道的，而味道則依我們放入的東西而定：浸泡的香草植物、香蜂草、金錢薄荷。因此木薯小珠會浸泡在想要的香氣中。

這是道會令你陶醉的配方！

當我不再陶醉的時候，我就會將這道菜從菜單上移除。

而且這是代表性的菜肴。

很棒的是，人們會上門，有些常客甚至會再度光顧，並對我說：「請為我製作白斑狗魚餅。當我來到你的餐廳，我便無法錯過白斑狗魚餅或煙燻巧克力塔。」

所幸不是每個人的口味都相同，這令人振奮。無論如何，我喜歡能引發情感的料理。和人們以為的不同，湖魚美味、鮮嫩且細緻。顧客會為了白斑狗魚餅而再度上門，因為他們愛這湖魚的味道。

江鱈和白斑狗魚餅佐洋蔥湯

La lotte du lac et brochet en biscuit, bouillon d'oignon

食材

洋蔥湯 Bouillon d'oignon
洋蔥1公斤
奶油500克
糖
蔬菜高湯1公升
鹽

魚餅 Biscuit de poisson
淡水鱈魚100克
白斑狗魚500克
鹽15克
糖15克
蛋3顆
奶油60克
螯蝦殼湯汁（法式濃湯）40克
鮮奶油400克
麵包薄片2片（厚2公釐）
澄清奶油25克

最後修飾
小麥麵粉和黑色在來米粉製作的法式甜甜圈（beignets）50克

搭配餐酒
厄法吉產區（Euphrasie）希尼安伯杰隆（Chignin-bergeron）葡萄酒–克雷酒莊（Domaine du Cellier des Cray）阿德里安・貝里奧茲（Adrien Berlioz）

20

人份

洋蔥湯

將洋蔥去皮並切碎，在加入 50 克奶油的鑄鐵燉鍋中以小火煮至出汁；用少許糖煮至形成焦糖，接著加入蔬菜高湯。
微滾 2 小時，接著用漏斗型濾器過濾。將湯汁收乾一半，加入奶油攪拌。調整味道，保溫。

魚餅

用食物處理機攪打魚、鹽和糖。加入蛋。持續攪打。加熱奶油和螯蝦殼湯汁。將鮮奶油倒入魚糊中，接著是奶油和螯蝦殼湯汁。用網篩過濾，填入鋪有保鮮膜的方形塔圈中。擺上 1 張保鮮膜，以 85 ℃蒸煮 12 分鐘。放涼後切成長方形。將麵包切成同樣大小的薄片。將餡料擺在麵包上，刷上澄清奶油。保溫。

最後修飾

搭配洋蔥湯和法式甜甜圈享用江鱈和白斑狗魚餅。醬汁應清爽芳香。

艾希克・布奇諾爾
談
喬爾・侯布雄

——

馬鈴薯泥
La purée

訪談

出生日期與地點：
1945年4月7日於普瓦堤耶（Poitiers，維埃納省）

———

感謝你為了這本書代表喬爾・侯布雄接受訪談。我想讓你知道，我的味蕾是受到喬爾・侯布雄的馬鈴薯泥所啟迪的。

我對此有難忘的回憶，在喬爾向我解釋如何保持成功時，他說：即使是最不起眼的菜肴都必須以完美的姿態登場。我的美食記憶和這對完美的信仰有關。而如今，我要製作1本和法國美食的代表性菜肴有關的書，就不能不介紹這道喬爾・侯布雄的馬鈴薯泥。因為有你，艾希克，我才能將這些篇幅獻給喬爾，這讓我非常開心。

首先我希望你能用幾句話形容你和喬爾之間的關係。因為……這有幾年了？

我和侯布雄先生共事 35 年了。我在 22 歲時來到傑明餐廳，而今……

合作 35 年了。我們一起開了不少餐廳，我們甚至一起錄電視節目。

因此是在傑明餐廳，接著是在59……

是的，我們一起在日本開餐廳，其中特別引人注目的是城堡餐廳。之後，喬爾・侯布雄想「改行」。他開始錄製電視節目，包括著名的《學名廚做菜》（Cuisinez comme un grand chef），當然還有《食指大動》（Bon Appétit）。這些節目持續了 15 年左右。

這你也一直跟隨著他？

一直如此，從和受邀的廚師合作到示範表演。我也協助他在拍攝之前和拍攝期間研發配方。

是它的簡單造就了不同。最簡單的菜，也是最難處理的菜，因此沒有人敢做。

之後，再回到美食上，只是以不同的形式，非常現代化且「破碎」的……

對候布雄先生來說，侯布雄法式餐廳的概念融合了他在世界各地旅行時所習得的經驗，並設有廚房和吧台。他注意到極為內斂且不發出聲音的日本人會在吧台旁稍微「放鬆」。吧台周圍散發出某種熱烈的氛圍。而為他帶來靈感的也是那著名的西班牙餐酒館。在連鎖的侯布雄法式餐廳裡，日本與西班牙交鋒：吧台加上小份量，讓人不禁想到西班牙小菜。但我們製作的是法式料理，不是西班牙小菜。

因此，你們的做法是融合西班牙小菜、小份量，接著還有吧台和……

日本壽司吧台的熱烈氣氛。

如果我請你告訴我關於喬爾·侯布雄的3項特質或形容詞，你和他這麼熟，還有你自己的3項特質，你覺得會是一樣的嗎？

我充滿了候布雄的精神。在和像他這樣的人共度了 35 年的人生後，他對我來說，就像是老師……我血液裡已有候布雄的 DNA。

但你們對於彼此，對於常客所展現出的特質是什麼……

嚴謹、尊重和忠誠。

這道馬鈴薯泥的創作日期是什麼時候？請為我敘述它的故事。

我想這道馬鈴薯泥料理誕生於 1980 年代。那是在傑明餐廳開幕時，侯布雄先生製作「淘氣」的料理。馬鈴薯泥仍然非常經典，適合家庭，而且不會很昂貴。因此，他開始在午餐的小套餐中用法蘭西島（Île-de-France）著名的豬頭來製作馬鈴薯泥，這是完美的結合。馬鈴薯泥搭配豬頭，這就是傑明餐廳當時的代表性菜肴。全世界的人都來這裡吃豬頭佐喬爾‧侯布雄著名的馬鈴薯泥。

你怎麼知道這道馬鈴薯泥會在國際上造成轟動？

因為有些美國人甚至在吃甜點時會點這道菜！我們就是從這裡發現喬爾‧侯布雄的馬鈴薯泥可以行遍天下。

你認為這道菜之所以可以行遍天下是因為口耳相傳還是媒體的報導？

先是口耳相傳，然後才是媒體報導。這是如此簡單！是它的簡單造就了不同。最簡單的菜，也是最難處理的菜，因此沒有人敢做。確實當這太簡單時，我們甚至不會去想。

這些年來配方有改變嗎？

沒有。我們和候布雄先生先從挑選 15 種左右的馬鈴薯開始，然後試著用每 1 種來製作馬鈴薯泥……

……而最後是哈特馬鈴薯勝出？

是的。

這從來沒有改變過？

從來沒有。我們總是用勒圖凱（Touquet）的哈特馬鈴薯來製作馬鈴薯泥。

這種馬鈴薯帶有淡淡的栗子風味，別具特色。

而配方始終如一：奶油、馬鈴薯，而且要稍微用力且仔細攪拌。

我們的小秘訣之一：必須選擇同樣大小的馬鈴薯。因為在烹煮時，如果你放入了大小不一的馬鈴薯，結果自然會不同。這可在馬鈴薯泥中感受得到：會很脆口，而不像喬爾‧侯布雄的馬鈴薯泥般具流動性。

其他秘訣：馬鈴薯當然必須以鹽水較快速地烹煮，而且必須以相當大量的水完全淹過，直到烹煮結束為止。否則，烹煮結束時，鍋裡往往會缺水，而這會導致不夠美味！

之後應儘快為馬鈴薯去皮。當廚房裡有人在製作馬鈴薯泥時，所有人都會停下來，開始為馬鈴薯去皮。這是團隊工作。

那麼接下來是用打蛋器攪拌馬鈴薯泥？

是的，是用打蛋器，用奶油打發。

現在你們會在各地供應這道菜？

是的，我們在各地供應：馬鈴薯泥仍會是喬爾‧侯布雄的代表性菜肴。

就我而言，當有人問我這個問題時，我會想到的代表性菜肴是魚子凍、義大利奶油餃搭配海螯蝦，還有馬鈴薯泥……

而這些代表性菜肴今日仍在供應中……

……在喬爾‧侯布雄所有的餐廳裡供應。

馬鈴薯泥
La purée

食材

大小相同的哈特（ratte）
或BF 15馬鈴薯1公斤
冷奶油250克
全脂牛乳200至300毫升
粗海鹽

4

人份

清洗馬鈴薯。整顆放入平底深鍋中，用冷水淹過至超出馬鈴薯2公分。每公升的水加10克的鹽。

加蓋以小滾燉煮20至30分鐘，煮至可用刀輕易穿透馬鈴薯。

將馬鈴薯煮熟後，瀝乾。在微溫時去皮。用裝有最細孔濾網的手搖蔬菜研磨器（moulin à légumes）在平底深鍋上方將馬鈴薯攪碎。

加熱馬鈴薯泥，稍微煮乾，一邊用木鏟用力攪拌4至5分鐘。接著逐量混入極冰涼且切塊的硬奶油。務必要用力攪拌，讓奶油充分混入，馬鈴薯泥才會變得平滑濃稠。

將牛乳煮沸，最後在極燙時以細流狀混入馬鈴薯泥中，始終用力攪拌，直到牛乳被馬鈴薯泥完全吸收。

若要讓馬鈴薯泥變得更細緻蓬鬆，可以用極細的布濾網來過濾。

•

全世界的人都來這裡吃豬頭
佐喬爾・侯布雄著名的馬鈴薯泥。

•

米歇爾・羅斯塔

———

里什朗什新鮮松露溫三明治佐半鹽奶油

Le sandwich tiède à la truffe fraîche
de Richerenches et beurre demi-sel

訪談

出生日期與地點：
1948年8月29日於勒蓬德博瓦桑（Pont-de-
Beauvoisin，伊澤爾 Isère）

這道菜的創作日期是什麼時候？

由於我們在巴黎已經 40 年了，我想應該是 35 年前，即 1984 年。

那它有什麼故事？

我怎麼做出來的嗎？好吧，這很簡單！對我來說，吃松露的最佳方式就是搭配麵包和奶油。

烤麵包搭配松露，這是絕配。我們試著以這個方向去做點什麼，盡可能簡單。

我們經常會製作脆鹽松露：將 1 塊松露擺在 1 小塊烤麵包上，加上少許的橄欖油或含鹽奶油，而我

> 我想為美食餐廳做更精緻的料理，這就是三明治概念的由來。

想為美食餐廳做更精緻的料理，這就是三明治概念的由來。

祕密是大量的奶油，因為奶油，一般而言就是油脂可讓味道固著。

你有選擇特殊的麵包嗎？還是奶油？

沒有太多洞的鄉村麵包，可以留住奶油。通常是鄉村麵包……理想的情況是 1 片鄉村麵包。

接著是優質的半鹽奶油，味道夠鹹，讓我們無須再在三明治裡加鹽。我們讓它充分發泡，將奶油攪拌至均勻攤開，然後在每片麵包上鋪上厚厚 1 層。我們在每片麵包上擺上將近 30 克的松露。

接著我們用玻璃紙包起，靜置 24 或 36 小時，讓松露的味道可以進入麵包和奶油中。之後，我們會將三明治擺在烤盤上，而非網架上，這會讓奶油流出，就是這奶油讓麵包受到油漬。另一面也同樣這麼做，最後再進行烘烤。

松露來自哪裡？

里什朗什。

我在產季時至少會去里什朗什的市場 2 次。我不需要很常去，因為我們有代理人，但我很高興在那裡看到一些人，遇見保有松露的人，可以在那裡找到同伴是很有趣的事。

你知道這35年來你品嚐了多少松露嗎？

不知道。我必須說，我只使用新鮮松露，我不保存松露。一般的餐廳全年都在使用松露，但我不會。松露的季節是 12 月 15 日至 3 月 15 日。我會在 1 個月內使用近百公斤的松露，有些年會用到 150 公斤，有時則少一點，這視很多因素而定。但我的冷凍庫裡連 1 公斤的松露都沒有。我太愛松露了，無法在季節以外的時候使用。這是如此神奇的食材，我認為不應太常使用。必須要失去才懂得找回的快樂。有些年我們在 12 月開始使用，但也有些年，例如去年，我們必須等到 1 月 10 日才能使用，因為松露還沒準備好。

這也不是便宜的食材，因此如果品質不夠優質，就不需要供應。

你有顧客會特地為了這道料理而來嗎？

當然，我們看到有些顧客只為了這道料理而來。

請告訴我們你和松露的第一次相遇……

這已經非常久遠了，從我父親就已經在使用松露，我早就已經沉浸在松露當中！ 1970 年代，當我安頓下來時，我接管了多菲內（Dauphiné）地區的家庭餐廳，距離羅曼市（Romans）不遠。我們在德龍省、從羅曼市到瓦朗斯、隆河河谷、沃克呂茲（Vaucluse）到里什朗什，以及上普羅旺斯阿爾卑斯（Alpes-de-Haute-Provence）到處都找得到松露。

這是很大的區域！

要知道有 2/3 的松露來自東南部，而不再是西南部了。佩里戈爾（Périgord）的時代已經結束。佩里戈爾的人會到里什朗什來購買松露。戰前，這裡有各式各樣的松露，在 20 世紀初期，幾乎每年會採收 1000 噸的松露。現在如果有 60 或 80 噸的松露就已經很多了，現在的松露已經比過去少了許多。

里什朗什新鮮松露溫三明治佐半鹽奶油

Le sandwich tiède à la truffe fraîche de Richerenches et beurre demi-sel

食材
新鮮（黑）松露180克
半鹽奶油200克
酵種鄉村麵包12片

搭配餐酒
略為陳年的勃艮第白酒
（Bourgogne blanc）

6

人份

提前 2 天，在麵包片上抹上大量的含鹽奶油。將松露切成厚 2 至 3 公釐的片狀。擺在 6 片麵包片上。組合成三明治。包上保鮮膜。

冷藏保存至少 2 日。

用明火烤爐將三明治的兩面烤過。烤至金黃色。不要猶豫，多翻面幾次，將每面烤至漂亮的顏色。搭配小份的芝麻菜沙拉趁熱享用。

•

烤麵包搭配松露，這是絕配。

•

威廉・桑切斯

———

海螯蝦
La langoustine

訪談

出生日期與地點：
1990年10月5日於波爾多（Bordeaux，吉倫特 Gironde）

可以用3個詞來形容威廉・桑切斯嗎？

　　強烈、具體和敏感……我認為為了實現我們想要具體化的料理，廚師必須具有相當強烈的個性。我的料理很具體，你不會在其他地方找到奈索的味道。

　　我非常熟悉出色法式料理的經典基底。相反地，它的味道卻不符合我，無法取悅我的味蕾。

這道菜的創作日期是什麼時候？

　　非常確切地說，是 2018 年 4 月 6 日。

要選1道菜在這本書中介紹顯然很困難，因為威廉・桑切斯的料理一直在改變。為什麼？

　　但海倫，今日的廚師，我們別無選擇，季節會提醒我們要遵循氣候的變化！如果你想在餐盤中嚐到美味，同時又要保護環境，不要造成任何影響，你就必須遵循季節變化，因而必須經常更換菜單。由於蔬食仍在奈索佔有真正的一席之地，我們必須遵循季節，並在無法使用某種蔬菜時改變整個菜色。

奈索的一切食材都是當季的？

　　唯一不是當季的是發酵食材，因此可以保存，例如在這道海螯蝦料理中出現的菊芋。菊芋的季節是 10 月至 11 月，但我們全年都能夠供應。我們在 10 月底至 11 月初讓菊芋發酵，即菊芋品質最出色的時候。我們對大量的菊芋進行發酵，以便全年都可以使用。我們的發酵保存系統讓我們得以擴大季節的範圍。

你通常會對哪些食材進行發酵？

　　全年都會出現在我們料理中的食材：胡蘿蔔、蘆筍、松露、向日葵、咖啡渣，這些是我們許多菜色的基礎。

這是什麼樣的保存方式？

現在的保存方式有很多，但有趣的是，大家都在討論發酵。眾所周知的罐頭食品是煮熟後再裝罐，並加入大量的鹽，而且為了大規模銷售，還會加入大量的添加劑。過去的保存方式包括將食材泡在水溶液、油、酒精溶液、鹽和水中。我們今日在奈索實行的正是最後一種方法。這項技術可透過將糖轉化為乳酸的方式來保存食材，即「乳酸發酵」。這主要是為了北歐國家所開發，因為氣候的關係，北歐全年會有 6 個月缺乏食材。以這種方式保存的食材沒有煮熟，而是以生食的方式發酵，讓食材繼續存活，因此在前 6 個月，味道和香氣仍能持續變化和發展。我們說的是「活食材」。

如果明天我要在家進行發酵，我該怎麼做？

你要準備罐子、水、鹽和優質的食材。

這道海螯蝦料理是如何誕生的？

當我為了預定在 2018 年 4 月 16 日開幕的行程而首度於 3 月 20 日在餐廳裡召集奈索未來的料理團隊時，我的菜單裡什麼都沒有。於是我說：「首先，我要看到你們對奈索有何計畫。其次，我要看到你們有在工作。因此，你們有 2 天的時間創作 1 道菜呈現給我，而我也會提供我的作品。」每個人都獻上自己的菜，而我則獻上海螯蝦料理。我們開始一起品嚐，接著我們決定這道菜具有瘋狂的潛能。因此我們都開始處理海螯蝦。一開始，我們只使用生的海螯蝦，但再加上熟的海螯蝦和更多魚子醬後，我們提供了碘味、油脂和更多的咬勁。

這道菜有許多口感，這是種不可思議的食材，菊芋發酵的味道、魚子醬的鹹味，以及用海螯蝦頭部製作的濃縮液在嘴裡留下的餘味，也別忘了酢漿草。

你可以定期取得酢漿草嗎？

酢漿草又稱「野生酸模」，只有在某些時期才能使用。這是「淡季」食材，這種植物可促進土壤中的氮循環。

農人們會在收成後和進行下次種植之間用酢漿草來讓土壤再度充滿氧氣。

因此，當我們沒有酢漿草時，我們會添加少許的檸檬汁，因為這可增添酸度。

這道菜是奈索的象徵。是你將這道菜留在菜單上的？

它經常在菜單上，因為發酵法的關係，我們全年都有菊芋。海螯蝦則會依季節而更換產地，也就是說我們有時會在地中海，有時會在布列塔尼，或是在巴斯克地區的海岸找海螯蝦。我們遵循海洋的季節，我們和季節保持一致。

這道菜立刻獲得成功？

是的。開幕時，我們有 2 道菜向顧客傳達這樣的訊息：「好吧，奈索發生了一些事情。」而這道菜就是其中之一。

最後，當你就近觀察，你會發現這是我們最不誇張的菜肴之一。我們追求的不只是視覺效果，我們也希望顧客可以 1 口同時吃到所有的元素。

這道菜正好介於現代料理和法式美食之間：美味的湯汁、美味的濃縮液、美味的食材、出色的調味，以及用酢漿草加強的酸味，這是一道吃起來充滿巧思的菜。

•

> 這道菜有許多口感，這是種不可思議的食材，菊芋發酵的味道、魚子醬的鹹味，以及用海螯蝦頭部製作的濃縮液在嘴裡留下的餘味。

•

海螯蝦
La langoustine

—

食材

韃靼 Tartare
海螯蝦 12大隻
綠色酢漿草
青檸檬1顆
柑橘油（Huile d'agrumes）
鹽之花

菊芋泥 Purée de topinambours
發酵菊芋5個
新鮮菊芋5個
鮮奶油1公升
鹽之花
黃檸檬

海螯蝦頭湯汁 Jus de têtes de langoustines
海螯蝦頭12個
葡萄籽油
奶油100克
雅文邑白蘭地（armagnac）200毫升
白酒

6

人份

韃靼

將 6 隻預先去殼並冷卻的海螯蝦快烤。將生熟海螯蝦切成 5 公釐的小丁。在最後 1 刻再用綠色酢漿草、青檸檬皮和檸檬汁、柑橘油及鹽之花調味。

菊芋泥

菊芋的發酵需要去皮，裝罐，用礦泉水淹過，並加入 5% 未加工處理的粗鹽。比例視罐中添加的水量而定。在 4 ℃的冷藏空間中發酵至少 3 周。
製作菊芋泥：將新鮮菊芋去皮，和發酵菊芋、鮮奶油和檸檬汁一起整顆燉煮。菊芋煮至綿密後，用電動攪拌機攪打後，用漏斗型網篩過濾。冷藏保存。

海螯蝦頭湯汁

在裝有少許葡萄籽油的熱湯鍋中將海螯蝦頭和螯煮至上色。加入奶油，持續上色，讓湯汁附著。倒入雅文邑酒，點火燃燒。將湯汁收乾至酒精完全蒸發。倒入白酒，濃縮至如同糖漿般的稠度。用水淹過。將湯汁收乾一半。用漏斗型網篩過濾湯汁，再度將湯汁收乾一半。保留 50% 的湯汁做為泡沫醬汁，50 % 做為凝凍。

接續 302 頁。

海螯蝦（接續上頁）
La langoustine

——

凝凍 Gelée
（每100克湯汁）吉利丁
1片

泡沫醬汁 Écume
（每1公升）糖4克

糖漬海藻 Confit d'algue
未經加工處理的皇家昆布
（kombu royal）200克
石蓴（laitue de
mer）200克
紫紅藻（dulce de
mer）200克

擺盤
卡維亞芮品牌的晶鑽
（Kristal®）魚子醬60克
發酵菊芋3個

搭配餐酒
2018年羅亞爾河谷莎弗尼
耶梢楠白酒（Savennières
chenin du val de Loire）
2018 – 小岩石酒莊
（Domaine de La Petite
Roche）

泡沫醬汁
用手持電動攪拌棒將海螯蝦頭湯汁打發。將泡沫醬汁以 60 ℃的溫度保存做為擺盤用。

凝凍
將吉利丁片浸泡在冷水中，加入熱的海螯蝦頭湯汁中。冷藏保存。

糖漬海藻
燙煮預先泡水排雜質的海藻，以便將海藻清洗乾淨。煮約 2 小時以破壞纖維。用電動攪拌機攪打後，用網篩過濾。保存在裝有花嘴的擠花袋中。

擺盤
在餐盤底部擺上 1 個半球形菊芋泥。用直徑同餐盤底部大小的壓模，加入韃靼，接著是如同冰沙的海螯蝦頭凝凍。
在周圍擺上預先以蔬菜切絲器細切並用直徑 1.5 公分的壓模裁切的菊芋片圓花飾。
用裝有花嘴的擠花袋擠上糖漬海藻小點，並在中央擺上魚子醬球。

●

泡沫醬汁必須在顧客面前擺在魚子醬球上。這道菜正好介於現代料理和法式美食之間。

●

尚・蘇皮斯

——

雲杉芽紅點鮭魚
L'omble chevalier, épicéa

訪談

出生日期與地點：
1978年7月27日於艾克斯萊班（Aix-les-Bains，薩瓦）

可以用3個詞來形容尚・蘇皮斯嗎？

自然、簡單和大膽。

簡單，因為沒有什麼是必然的，人生是如此漫長，一切都可能在一夜之間崩塌，因此我們必須知道如何保持簡單。我是非常忠誠的傢伙。好幾次，有人鼓勵我出國，但我是不折不扣的愛國主義者。我誕生於薩瓦，我留在薩瓦，而我在薩瓦表達自我。

講到薩瓦和料理，主廚尚米歇爾・布維爾確實為我帶來正面的震撼。我對他充滿了欽佩之情，在他面前激動不已。這有點像是羅旺斯燉菜（Ratatouille）。實習結束時，我迫切地等著他告訴我他對我的想法。我詢問他是否有學徒的空缺。他那邊沒有，但他建議我去見他在勒布林熱湖（Bourget-du-Lac）經營拉馬丁旅館的姐夫。我在那裡當了2年的學徒。我開始製作糕點。糕點從停車場就可以看得見，顧客進

進出出，而讓我留下深刻印象的是，在顧客用餐了3至4小時後離開時，他們的臉是非常放鬆、發光，閃耀著喜悅的。這為我更加強化了這是世上最快樂的職業，而且這會是我的職業的概念。

你怎麼會想出這道菜？

這道菜強調今日比塞之父旅館周圍大自然的重要性。同時，我也對我的領土很敏感。

這道菜誕生於保羅・博古斯的喪禮那天，即2018年1月26日。那天雨下得很大，當然我沒有帶傘。在我進入里昂主教座堂（cathédrale Saint-Jean）時，我渾身濕透，真的很冷。

接著換保羅先生的棺材進入主教座堂。我不再發抖，因為我的情緒太激動了。在演講開始時，我看到真正的光，彷彿保羅先生在對我說：「你有法國最美麗的餐廳之一，就座落在湖畔，你真的應該讓這座湖入菜。」

雲杉芽紅點鮭魚
L'omble chevalier, épicéa

———

食材

紅點鮭魚 Omble chevalier
紅點鮭魚3隻（5片脊肉）
鹽

杉木奶油 Beurre au sapin
黃檸檬1顆
奶油400克
鹽10克
雲杉嫩芽100克
菠菜25克
香芹25克

最後修飾和擺盤
杉樹枝
葡萄嫩枝

搭配餐酒

2016年阿爾卑斯山特釀
薩瓦葡萄酒– 多米尼克・
貝盧亞（Dominique
Belluard）

10
人份

將卵石放入 250 ℃的烤箱烤至少 30 分鐘。

紅點鮭魚

取下紅點鮭魚的脊肉並去骨。去皮。撒鹽，接著將脊肉從長邊切開。將脊肉交錯貼好。用保鮮膜捲起。仔細捲緊。冷藏保存。

杉木奶油

用削皮刀取下檸檬皮。
將所有材料放入美善品多功能料理機 Thermomix® 中，以 30 ℃攪拌。將備料鋪在 2 張巧克力造型專用紙中間，形成 1 層 3 公釐的厚度。切成略大於鮭魚的長方形。冷凍保存。

最後修飾與擺盤

用蒸烤箱以 90 ℃烤鮭魚 4 分鐘，去掉保鮮膜，擺上長方形的杉木奶油。
在湯盤中擺上發燙的餅。加上杉樹枝。將鮭魚擺在葡萄嫩枝的小木筏上。
在周圍倒入水，蓋上金屬的鐘形罩。蒸氣會巧妙地融化杉木奶油。你可以盡情享用！

特魯瓦格羅家族

——

酸模鮭魚
L'escalope de saumon à l'oseille

訪談

米歇爾・特魯瓦格羅 Michel Troisgros
出生日期與地點：
1958年4月2日於羅阿訥（Roanne，Loire）

特魯瓦格羅家族是最偉大的法國美食家族之一……

這麼說或許有點自大，但這是時間造就出來的，世代的傳承、歷史……如果你說「偉大」這個詞是指延續、成為廚師、成為餐廳業者、代代相傳的這種能力，那我想是這樣沒錯。我們並不是唯一這麼做的，但我們大概是能將這一行的熱情傳承下去的最偉大家族之一。

可以用3個詞來形容自己嗎？

特魯瓦格羅，光是這個家族名稱就足以代表3個重要的詞，也是3個微不足道的詞。

還有瑪麗皮耶（Marie-Pierre）、凱薩（César）和李奧（Léo）。

「家族」一詞在此極具意義。「家族史」，這是3個字。

所有的家族都有一段歷史。我們的家族史很特別，因為我們形成了一個小集團。情況一直都是如此。在我還小時，我們都是住在同一個屋簷下：祖父特魯瓦格羅、祖母、姑姑、我的父母親、尚還有他的妻子。一個大家庭住在小房子裡。現在，我們可以說我們是「家族餐廳」，更廣大的家族，但我們的人還是一樣很多。這具有「某種意義」，就像「磁鐵」（aimant）一樣，帶有「吸引力」（aimanté）和「被愛」（aimant aimé）的雙重意涵。這個職業帶來了強大的連結。

很有意思的定義！

對於像這樣龐大的家族，我們可以談論家族的偉大事蹟，而這樣的故事會代代相傳，長久地延續下去，幾乎可以說是朝代了，又或者可以說是某種俄羅斯娃娃：當我們打開它，會有另一個人像出現，之後還會出現另一個！

•

我是黏著劑沒錯。我以經驗老道的角度審慎地觀察著、進行補充和調整，以確保每項服務都掌握了理想的時機。

•

現在則是由行政主廚凱薩來擔任這個角色……

凱薩是料理主廚，而我在廚房裡唯一的活動，而且是最舒服的活動，就是「監督」這一切、撒上我的鹽粒。在我能夠協助凱薩構思的範圍內，我還是必須進行部分的創作。無論如何，我們還是會進行討論。可以說我們一開始是兩人一起討論，但我有重大角色，這個角色包括構思、思考。凱薩確實會要我評論、改善，協助他研發、找到解決方案、概念等。因此，我會和他一起思考要如何調整。

你忘了說顧客也是想來看你的，不是嗎？

是的。我是主持人，也是監督者。餐廳是無法獨自運作的，同時還有瑪麗皮耶。但為何他們要來看我？因為我讓他們習慣看到我，因為我很高興看到他們。

一直都是這樣嗎？即使在以前的廚房裡也是？

是的，雖然以前的廚房很狹小，但我們還是會接待他們。

你建立關係，某種程度上你就像醬汁一樣！

我是黏著劑沒錯。我以經驗老道的角度審慎地觀察著、進行補充和調整，以確保每項服務都掌握了理想的時機。我在餐廳裡是非常機動性的，就像瑪麗皮耶。我們兩人都極具機動性且保持警覺，因為

一間出色的餐廳當然會有各種的想法、細節、視線和態度。

我希望你能和我談談兩道菜：酸模鮭魚，這是你父親的作品；還有你的「封塔納」（Fontana），這是你的代表性作品。

在廚師的生涯裡，有些菜是可以消失，完全隱藏起來的。有些菜可能是神來一筆，可以在菜單上停留 2 年。大概也有像這樣因廚師未能成功闡述而不受到重視的菜。這也和因緣巧合有關。某些時刻，在當代引發關注的大膽且具有遠見的創作者會將他們的直覺轉化為菜肴等作品。但這道菜，如果不是有人持續談論，光是靠顧客也不足以讓它出名。這就是這道菜長久以來所歷經的狀況。今日，如果顧客在社交網路上介紹這道菜，就會吸引其他人的目光，資訊因而可以散播出去。然而，人們可能會說，現在的作品多不勝數，一道菜很容易會被淹沒在這創作的世界裡，除非是很重要的作品。目前，我們是向全部的作品致意，而非特定的菜肴。但在我父親的時代，一道菜的聲譽可能強烈反映出大膽或轉變：因此，酸模鮭魚說明了為尚和皮耶・特魯瓦格羅帶來靈感的簡單性，同時也反對這些年來法式料理的過度精緻。他們敢於簡單。有點像是攝影：敢於簡單。

這就是你的「封塔納」……

這正是我想告訴你的，這就和「封塔納」一樣。這道菜的靈感來自這一切。這是另一個時代的另一道菜。

「封塔納」是何時創作的？

2009 年。

運用牛乳的想法來自哪裡？

牛乳對我的吸引力。我從小一直都愛牛乳，尤其是生乳的味道：喝的牛乳、優格、白乳酪 (Fromage blanc)。因此在這些年後，我想再度運用牛乳，可以透過凝乳，即生乳凝乳。因為我需要的是農場生乳，而非半脫脂或超高溫殺菌牛乳，這些無法用來製作凝乳，因此需要生乳。

起初我對牛乳的運用感興趣是為了摻入凝乳酶來製作凝乳。當我掌握這項技術後，我想製作某種形式的凝乳。很快地，我對片狀感興趣，或許是因為它帶有義大利的風情，就像千層麵一樣，我想製作極薄的牛乳片。

你使用凝膠？

不，是凝乳酶，這是從小綿羊或小山羊的胃中提取的。白乳酪，所有的農場乳酪都是以凝乳酶製成的。也有植物性的凝乳酶，但那更少見了。

是什麼樣的創意發想過程導致這道菜的誕生？

在我試圖要去操控這片乳片時，它意外地在我面前打開了。而那時是新鮮松露的季節。

我歷經了不同的階段。

值得注意的是，過去這是一道甜點。牛乳是甜點。後來松露來了，我對松露有某種直覺，因為它是黑色的。後來，我想：「噢，黑色和白色所構成的圖形，這會很美……」

這就是我首度嘗試用牛乳來做鹹味料理的原因。

酸模鮭魚片
L'escalope de saumon à l'oseille

——

食材
新鮮鮭魚1/2片
新鮮酸模1束
紅蔥頭4顆
桑塞爾葡萄酒
（sancerre）300毫升
諾麗香艾酒120毫升
魚高湯300毫升
重乳脂鮮奶油300毫升
黃檸檬1/2顆
鹽
白胡椒

搭配餐酒
桑塞爾產區白酒– 凡
卓岸酒莊（Domaine
Vacheron）

6

人份

請選擇身體完整的鮭魚。去除肉中的小魚刺。切成 100 克的 6 片魚片。將魚片一一夾在烤盤紙之間，用小錘子輕敲至厚度一致（5 公釐）。

將酸模的葉片摘下。清洗葉片，並將較大的葉片撕成 2 至 3 片。將紅蔥頭去皮並切碎。

在煎炒鍋中放入白酒、香艾酒和紅蔥頭。加熱濃縮至液體呈現糖漿狀。倒入魚高湯，再繼續濃縮湯汁。加入鮮奶油並煮沸。混入酸模葉，接著關火。用幾滴檸檬汁調味，加鹽並撒上胡椒。

加熱大型的鐵氟龍鍋。為鮭魚片的 2 面撒上鹽。擺在熱鍋中。煎 15 秒後翻面，接著再煎 15 秒。

為餐盤淋上酸模醬汁。擺上鮭魚片。趁著玫瑰色的熟度立即享用。

馬修 · 維亞奈

————

高麗菜捲
Le chou farci

•

我在意的是這是間讓人感覺很舒服的餐廳，人們很親切並帶有微笑。

•

訪談

出生日期與地點：
1967年7月14日於凡爾賽（Versailles，伊夫林省Yvelines）

可以用3個詞來形容廚師馬修 · 維亞奈嗎？

　　3項特質，這很困難，光是要找到1項就很複雜了！可以說：固執、開心和夢想家。

　　固執，因為我會緩慢地走著自己的路，但不會放棄。但我也不再對任何事妥協，也就是說，我總是做自己想做的事。開心，因為我認為我們不能在心情不好時工作，即使有時我也會生氣。

　　但整體而言，我所在意的是這是一間讓人感覺很舒服的餐廳，人們很親切並帶有微笑。

　　而夢想家的部分，因為沒有夢想，我們就做不了大事。就是夢想讓我得以進步，尋找新的想法。

著名的高麗菜捲的創作日期是什麼時候？

　　2014年冬天。

這道菜的創意發想的過程是如何進行的？或至少可以跟我們敘述它的故事嗎？

　　這道菜的靈感來自由讓·瑞木松（Jean d'Ormesson）和凱特琳·芙蘿（Catherine Frot）飾演的電影《巴黎御膳房》（Les Saveurs du palais）：在劇中的某個時刻，凱特琳·芙蘿在製作鮭魚法式鑲菜卷。我認為這是如此絕妙，令我萌生製作鯉魚法式鑲菜卷的想法……

　　但請注意，這是道製作起來非常需要技術的菜，因為我法式鑲菜卷的特色是要「快速」組裝：我要烹煮得恰到好處。

　　在我的法式鑲菜卷中有各種肉：小山鶉、綠頭鴨、雉雞，而且如果我們想製作完美的法式鑲菜卷，每種肉顯然不是採用同樣的煮法。

我對這道菜的目標是，在切割時，我們必須有不同的煮法，可以煮成玫瑰色的、略熟的、略不熟的。這是要在趁熱時快速組裝的法式鑲菜卷。我們「快速」刷上奶油，趁熱組裝，便可以烤箱稍微烘烤來完成料理。

為了做出完美的法式鑲菜卷需要浩大的工程和超高的技術！

確實是如此！此外，關於這道菜，我有很奇特的趣聞。2017 年的里昂美食展（Sirha）期間，阿蘭・瓦夫羅（Alain Vavro）嚐了法式鑲菜卷，並拍下照片給保羅先生看。對此，保羅先生告訴他，不可能做出這樣的法式鑲菜卷，這只能事先組裝。阿蘭・瓦夫羅回答他：「但這是可以做到的，我向你保證。」

因此，1 個月後，即 2017 年 3 月初，我就這樣出發至金山科隆日市為保羅先生製作我這個版本的法式鑲菜卷，而他絕對想一嚐為快……對廚師而言，這可以說是令人難忘的時刻！

而你這樣在某種程度上也是得到世紀主廚的認可！

噢，是的！當你要做菜給保羅先生吃，當他要求你到他的廚房裡做法式鑲菜卷時，我請你相信這就是一種肯定！

那你的顧客有立即愛上這道菜嗎？

是的，而且我們還將它放入了品嚐菜單。我們會使用稍微小一點的羽衣甘藍，而餐廳總管會在餐廳裡將這道菜切開。

在我看來，這道菜是廚師馬修・維亞奈的完美總結，兼具了法國最佳工藝師的技術，以及接管了傳奇餐廳的廚師，還有布哈吉耶媽媽偉大的法國傳統等面向。

沒錯，這是道傳統的料理，但同時也很現代，因為它就像圖畫一樣。此外，這道菜確實既美味又具有技術性。

你有顧客會來向你點這道法式鑲菜卷嗎?

當然。今年冬天,我在社交網路上發布了一部短片,而我有許多顧客回來吃這道菜,因為他們忘了正當季,而他們不希望季節過了卻沒有吃到法式鑲菜卷!

這是我製作的各種菜色中很重要的一道菜,但並非全年都會在菜單上,因為必須視季節而定。因此,當我再度製作時,我會非常滿足。

這是優點。

如果我必須全年無休地每天做這道菜,我會很困擾,但如果只是某個季節做就好,這就很美妙。

那我們何時能品嚐這道菜?

我們在 11 月至 2 月間供應,同時也會變化放入的食材。一開始我們加入了野味,最後我們用了鴿子。另一方面,我們總是用各種野味的腿來製作泥,並以此為基底。在沒有野味時,我們就使用珍珠雞、燜煮鴿子、肥肝、松露。這一樣很美味,稍微缺乏特色,但真的非常美味。

而這道菜尤其重要的是,在脫模之前,我們會先按壓並收集所有的湯汁,我們稱這為「榨汁」,就像釀酒一樣。

在這湯汁中有肉、松露、羽衣甘藍、奶油、肥肝等一切的香氣,接著我們將這和野味或家禽高湯混合,最後再加上生甜菜汁。

這少許的甜菜汁是為了提供泥土的味道嗎?

正是如此,甜菜汁很重要,因為它一方面可提供少許的土味,以及漂亮的色彩:我認為它可讓這道菜更加昇華。

●

如果我必須全年無休地每天做這道菜，
我會很困擾，
但如果只是某個季節做，
就會很美妙。

●

法式鑲菜卷
Le chou farci

4

人份

食材
羽衣甘藍（chou frisé）1
顆
小山鶉1隻
綠頭鴨1隻
紅蔥頭1顆
生肥肝2片（每片60克）
奶油80克
小牛湯汁100毫升
紅甜菜1顆
切成圓片的松露30克
松露碎屑25克

搭配餐酒
2005年羅第丘「愛蓮多
姿」紅酒（Côte-rôtie
La Belle Hélène） – 史
帝凡・歐傑（Stéphane
Ogier）

將羽衣甘藍的葉片摘下，保留最漂亮的葉片做為半球形的外層。將剩餘的羽衣甘藍切絲，以進行奶焗。燙煮漂亮的葉子，接著擺在毛巾上瀝乾。

油漬 Le confit
準備小山鶉：將腿稍微翻炒，接著加水（淹過），在烤盤邊靜置油漬。準備綠頭鴨：將腿稍微翻炒，接著加水（淹過），在烤盤邊靜置油漬。
用骨頭、膀尖和脖子製作清湯。先和紅蔥頭一起翻炒，接著用水淹過。然後以小火燉煮並經常攪拌。
將胸肉烤成漂亮的粉紅色，接著油煎肥肝片。
用切絲羽衣甘藍製作奶焗（500 克的羽衣甘藍 + 80 克的奶油 + 25 克的松露碎屑）。
處理油漬腿肉、切碎，接著用少許小牛湯汁勾芡。加鹽和胡椒。
趁熱組裝羽衣甘藍：在半球形模型中鋪上保鮮膜，再鋪上從羽衣甘藍中央葉脈處取下的葉片，接著在中央擺上家禽肉片，一層層捲起。

清湯
用濾布過濾骨頭高湯，同時收集腿肉的燉煮湯汁，並用榨好的生紅甜菜汁稍微勾芡。

擺盤
將羽衣甘藍擺在餐盤中央，倒入家禽清湯。

格倫 · 維爾

高壓蒸煮萵苣菜心、日曬番茄佐芝麻菜醬

Le coeur de laitue cuite en pression, tomates confites au soleil, crémeux de roquette

訪談

出生日期與地點：
1980年1月2日於凡爾賽（伊夫林省）

可以用3個詞來形容格倫 · 維爾嗎？

夢想家、活力充沛，但有時是悲觀主義者。

你是唯一一個會說負面特質的廚師！

顯然是因為我對自己有強烈的批判！

好吧！也可以這麼說：我的料理和對料理的觀點很創新。

你這道菜的創作日期是什麼時候，以及創意發想的過程是如何進行的？

我是在 2 年前，即 2017 年創作這道菜的。

在我到鮑曼尼爾時，要為已經 30 年的蔬食菜單保存延續性是我真正的挑戰。在此之前，我自己從未真正關心過蔬菜。因此，我們從這萵苣開始。當我們將萵苣切半時，便能在裡面放入東西。我們也觀察到，當人們用手將它壓碎時，它會變成半透明，就像水煮的一樣。

西爾維斯特・瓦希德

——

酪梨綠花椰羅斯科夫港麵包蟹佐金黃魚子醬

Le tourteau du port de Roscoff,
avocat, brocoli, caviar doré

出生日期與地點：
1975年8月3日於科哈特（Kohat，巴基斯坦）

可以用3個詞來形容廚師西爾維斯特・瓦希德嗎？

謙遜、慷慨，而且熱愛一切事物：生活、我的職業……

我們要來聊聊麵包蟹。印象中，我很久以前就有品嚐過……

你在我待普羅旺斯時有嚐過，但這些年來我有根據季節和地區逐步改良。

你是何時創作出第一個版本？

最早的麵包蟹我是為在游池旁用餐的顧客製作的。他想要蟹肉沙拉。我的菜單上沒有這道菜，因此我用酪梨和綠花椰菜來製作麵包蟹料理，並用檸檬汁、羅勒、糖漬番茄，以及所有你能在普羅旺斯找到的綜合混料稍微調味。他愛死了這道菜。那時是 2006 年。我認為最偉大的配方都是意外製造出來的。

酪梨綠花椰羅斯科夫港麵包
蟹佐金黃魚子醬（接續上頁）

Le tourteau du port de Roscoff, avocat, brocoli, caviar doré

澄清
蛋白10顆
韭蔥的蔥白1根
番紅花1克

酪梨
酪梨2顆
青檸檬1顆
橄欖油

綠花椰菜泥 Purée de brocoli
綠花椰菜2顆
菠菜200克
雞高湯（Fond blanc de poule）
橄欖油

煙燻柴魚片油醋醬 Vinaigrette de bonite fumée
黃檸檬皮1顆
青檸檬皮1顆
沙嗲香料2克
煙燻柴魚片油醋醬100毫升
橄欖油300毫升
鹽之花
胡椒粉

松露蛋黃醬乳化醬汁 Émulsion mayonnaise truffée
蛋黃1顆
葡萄籽油250毫升
芥末醬1大匙
切碎松露50克
法式酸奶油100毫升
鹽之花
胡椒粉
檸檬汁1道

最後修飾
綜合新鮮花草
用咖哩稍微翻炒的幾朵花菜小花
麵包蟹管
煙燻油醋醬

搭配餐酒
2012年普依芙美（Pouilly-fumé）燧石白酒（Silex）－迪迪埃 · 達格諾酒莊

綠花椰菜泥
將綠花椰菜切成大塊。蒸煮並冰鎮。蒸煮菠菜並冰鎮。全部混在一起，並加入少許的雞高湯和橄欖油，攪拌至蔬菜泥變得均勻且無結塊。調整味道。保留幾朵煮熟但仍脆口的綠花椰小花，做為擺盤用。

松露蛋黃醬乳化醬汁
用蛋黃、油和芥末醬製作蛋黃醬，加入切碎松露，用鹽之花和胡椒粉以及檸檬汁調整味道，用法式酸奶油稀釋，裝入奶油槍，並裝上2顆氣槍，在一旁搭配上菜。

擺盤
用少許咖哩稍微翻炒的綠花椰小花。預留備用。先後將麵包蟹、酪梨片和魚子醬鋪在圓型壓模中。加入1條綠花椰菜泥，撒上少許岩魚凍、綠花椰，並用新鮮花草裝飾。用做好的煙燻柴魚片油醋醬調味，並攪拌食材。在一旁搭配乳化醬汁上菜，並用青檸檬皮和撒上1圈的胡椒粉裝點。

●

我認為最偉大的配方
都是意外製造出來的。

●

索引

配方（接續上頁）

索引

食材（接續上頁）

餐廳

地址

餐廳

———

地址（接續上頁）

題獻

雅尼克・亞蘭諾 YANNICK ALLÉNO •	費德烈克・安東 FRÉDÉRIC ANTON •	克里斯托夫・巴奎 CHRISTOPHE BACQUIÉ	傑宏姆・班克特 JÉRÔME BANCTEL	帕斯卡・巴博 PASCAL BARBOT •
大衛・比澤 DAVID BIZET •	克里斯托夫・穆勒 CHRISTOPHE MULLER 談保羅・博古斯	克萊蒙・布維耶 CLÉMENT BOUVIER •	塞巴斯蒂安・布拉斯 SÉBASTIEN BRAS	尚雷米・凱隆 JEAN-RÉMI CAILLON
布魯諾・西里諾 BRUNO CIRINO •	莫洛・科拉格瑞柯 88MAURO COLAGRECO •	約安・康特 YOANN CONTE •	亞歷山大・庫隆 ALEXANDRE COUILLON •	阿諾・唐凱勒 ARNAUD DONCKELE •
迪米崔・多諾 DIMITRI DOISNEAU •	艾倫・杜卡斯 ALAIN DUCASSE •	亞倫・杜都尼耶 ALAIN DUTOURNIER •	皮耶・加尼葉 PIERRE GAGNAIRE •	朱利安・加蒂隆 JULIEN GATILLON •
亞歷山大・高堤耶 ALEXANDRE GAUTHIER •	米歇爾・蓋哈 MICHEL GUÉRARD •	馬克・賀伯林 MARC HAEBERLIN	小林圭 KEI KOBAYASHI	阿諾・拉雷曼 ARNAUD LALLEMENT •

克利斯蒂安‧勒斯克爾 CHRISTIAN LE SQUER ●	派翠克‧伯特隆（PATRICK BERTRON） 眼中的貝爾納‧盧瓦索（BERNARD LOISEAU） ●	愛德華‧盧貝 ÉDOUARD LOUBET ●	雷吉與傑克‧馬康 RÉGIS ET JACQUES MARCON	曼努埃‧馬丁內 MANUEL MARTINEZ ●
堤埃里‧馬克斯 THIERRY MARX	亞歷山大‧馬齊亞 ALEXANDRE MAZZIA	克里斯托夫‧莫雷 CHRISTOPHE MORET	奧利弗‧拿斯蒂 OLIVIER NASTI ●	尚路易‧諾米科 JEAN-LOUIS NOMICOS
貝爾納‧帕科 BERNARD PACAUD ●	阿朗‧帕薩爾 ALAIN PASSARD ●	洛洪‧柏蒂 LAURENT PETIT ●	安娜蘇菲‧皮克 ANNE-SOPHIE PIC ●	尚馮索‧皮埃居 JEAN-FRANÇOIS PIÈGE ●
艾希克‧帕 ÉRIC PRAS ●	艾曼紐‧雷諾 EMMANUEL RENAUT ●	艾希克‧布奇諾爾談喬爾‧侯布雄 ●	米歇爾‧羅斯塔 MICHEL ROSTANG ●	威廉‧桑切斯 GUILLAUME SANCHEZ ●
蓋‧薩沃伊 GUY SAVOY	尚‧蘇皮斯 JEAN SULPICE	特魯瓦格羅家族 FAMILLE TROISGROS ●	馬修‧維亞奈 MATTHIEU VIANNAY ●	格倫‧維爾 GLENN VIEL
西爾維斯特‧瓦希德 SYLVESTRE WAHID ●	海倫‧路辛 HÉLÈNE LUZIN ●			

致謝

感謝 50 位廚師響應這次精彩的冒險，感謝你們的信任、你們的支撐，你們的時間，以及你們的慷慨。

沒有你們，就沒有這本書！

還要感謝

我的先生 Olivier B. 像岩石般給我強大的支撐；

我的女兒 Chloé 和 Anaïs，她們是我的陽光；

我的母親 Lise L.；

我的父親 Francis L.；

我的兄弟 Antoine L.；

我的姐妹 Anne L. 和 Victoria L.；

感謝從一開始就對我不離不棄的 4 名廚師：

阿諾‧拉雷曼、艾希克‧帕、馬修‧維亞奈和小林圭；

感謝這些年來我的每名同事：

Séverine D.、Sandrine J.、Hélène D.、Chiara G.、Gigi R.、Gaëlle D.、Anaïs L.；

感謝我的工作夥伴和個人：

獨特的 Karin N.；

感謝市場上最非凡的編輯：

Laure Aline，以及同事 Agathe Masson 的協助；

並感謝攝影的 Lucky Luke、

馬蒂厄‧塞拉爾。

當代法式料理聖經：50位法國星級名廚的代表作，食譜×創意發想×設計概念
50 plats de grands chefs. Qu'il faut avoir goûtés une fois dans sa vie

作者	海倫‧路辛（Hélène Luzin）
攝影	馬蒂厄‧塞拉爾（Matthieu Cellard）
前言	蒂波‧達南雪（Thibaut Danancher）
翻譯	林惠敏
責任編輯	謝惠怡
內頁編排	唯翔工作室
封面設計	郭家振
行銷企劃	謝宜瑾

發行人	何飛鵬
事業群總經理	李淑霞
副社長	林佳育
圖書主編	葉承享

出版	城邦文化事業股份有限公司 麥浩斯出版
E-mail	cs@myhomelife.com.tw
地址	104台北市中山區民生東路二段141號6樓
電話	02-2500-7578

發行	英屬蓋曼群島商家庭傳媒股份有限公司城邦分公司
地址	104台北市中山區民生東路二段141號6樓
讀者服務專線	0800-020-299（09:30～12:00；13:30～17:00）
讀者服務傳真	02-2517-0999
讀者服務信箱	Email: csc@cite.com.tw
劃撥帳號	1983-3516
劃撥戶名	英屬蓋曼群島商家庭傳媒股份有限公司城邦分公司

香港發行	城邦（香港）出版集團有限公司
地址	香港灣仔駱克道193號東超商業中心1樓
電話	852-2508-6231
傳真	852-2578-9337

馬新發行	城邦（馬新）出版集團Cite（M）Sdn. Bhd.
地址	41, Jalan Radin Anum, Bandar Baru Sri Petaling, 57000 Kuala Lumpur, Malaysia.
電話	603-90578822
傳真	603-90576622

總經銷	聯合發行股份有限公司
電話	02-29178022
傳真	02-29156275

製版印刷	凱林彩印股份有限公司
定價	新台幣1500元／港幣500元

2023年3月初版 2 刷‧Printed In Taiwan
ISBN：978-986-408-660-3（精裝）
版權所有‧翻印必究（缺頁或破損請寄回更換）

國家圖書館出版品預行編目資料

當代法式料理聖經：50位法國星級名廚的代表作，食譜×
創意發想×設計概念 / 海倫‧路辛（Hélène Luzin）作；
林惠敏翻譯. -- 初版. -- 臺北市：城邦文化事業股份有限公
司麥浩斯出版：英屬蓋曼群島商家庭傳媒股份有限公司城
邦分公司發行, 2021.03
　　　面；　　公分
譯自：50 plats de grands chefs qu'il faut avoir goûtés
　　　une fois dans sa vie
ISBN　978-986-408-660-3（精裝）

1.食譜 2.烹飪 3.法國

427.12　　　　　　　　　　　　　　　　110002808

Title of the original edition: 50 plats de grands chefs. Qu'il faut avoir goûtés une fois dans sa vie
© 2019 Éditions de La Martinière, une marque de la société EDLM, Paris.
Rights arranged by Peony Literary Agency Limited.
This Traditional Chinese Edition is published by My House Publication, a division of Cité Publishing Ltd.